建筑工程概预算实训教程

剪力墙手算

阎俊爱 主编　张向荣　张素姣　副主编

化学工业出版社
·北京·

本书属于《建筑工程概预算实训教程》中建筑工程量手工算量部分，全书分为九章内容。以一个完整的剪力墙结构1号住宅楼工程为主线，以任务为驱动，以培养学生手工算量的实际操作技能为核心，以图纸分析、任务分解、计算规则总结、手工算量和温馨提示为本书特色，按照全国最新的国家标准《房屋建筑和装饰工程工程量清单计算规范》（GB 50854—2013）详细系统地介绍了该套图纸手工算量相关内容。

本书既可以作为高等院校工程管理、造价管理、房地产经营管理、审计、公共事业管理、资产评估等专业的实训教材，同时也可以作为建设工程的建设单位、施工单位及设计监理单位工程造价人员的参考资料。

图书在版编目（CIP）数据

建筑工程概预算实训教程：剪力墙手算/阎俊爱主编．—北京：化学工业出版社，2015.2（2016.5重印）

ISBN 978-7-122-22567-2

Ⅰ．①建…　Ⅱ．①阎…　Ⅲ．①建筑概算定额-教材②建筑预算定额-教材　Ⅳ．①TU723.3

中国版本图书馆CIP数据核字（2014）第295888号

责任编辑：吕佳丽　　装帧设计：张　辉
责任校对：宋　玮

出版发行：化学工业出版社（北京市东城区青年湖南街13号　邮政编码100011）
印　　装：三河市延风印装有限公司
787mm×1092mm　1/16　印张$7^1/_2$　插页12　字数182千字　2016年5月北京第1版第2次印刷

购书咨询：010-64518888（传真：010-64519686）　售后服务：010-64518899
网　　址：http://www.cip.com.cn
凡购买本书，如有缺损质量问题，本社销售中心负责调换。

定　　价：35.00元

本书编写人员名单

主　编　阎俊爱

副主编　张向荣　张素姣

参　编　骈永富　李东锋　朱溢镕　周慧芳　冯　伟

徐仲莉　姚　辉　李　伟

前言

本书是《建筑工程概预算实训教程》的手工算量部分，作者基于多年的教学实践经验，为了满足社会对工程概预算人才的需求，注重教材的应用性和学生实践动手能力的培养。以一个完整的剪力墙结构1号住宅楼工程为主线，贯穿于全书，以任务为驱动，以培养学生手工算量的实际操作技能为核心，以任务分解、计算规则总结、图纸分析、手工算量和温馨提示为特色，采用全国最新的国家标准《房屋建筑和装饰工程工程量清单计算规范》(GB 50854—2013)详细系统地介绍了该套图纸各种构件的手工算量。

本书以全国最新的国家标准《房屋建筑和装饰工程工程量清单计算规范》(GB 50854—2013)中的工程量清单计算规则为主，以定额工程量分类介绍为辅，克服了以往教材主要介绍定额工程量计算规则而导致教材的通用性差的弊病。

本书共为九章，每章均以某一层的全部工程量为大任务，与软件算量指导书基本一致。每章内容均以大任务为导向，首先对图纸进行分析，然后对其任务进行分解，使学生知道每一层应该算什么？其次通过计算规则总结，使学生明白这些工程量如何计算，然后让学生自己练习去计算。最后对计算有难度的还有温馨提示，在图上有重点标注，使学生很容易在图上找到计算所需要的数据信息。通过每章这几步的学习和练习，不仅使学生巩固了手工算量的思路和流程，而且还掌握了建筑工程清单工程量的计算规则，同时通过自己亲自动手计算练习还提高了手工算量的技能。

本书整体理论框架由主编阎俊爱教授设计，图纸由从事多年工程造价工作，具有丰富工程造价实践经验的张向荣设计，理论部分由阎俊爱、张素姣和骈永富编写，书中大部分计算问题由姚辉和李伟负责编写，全书由阎俊爱负责统稿。在编写过程中，张向荣、王全杰给本书提出了许多宝贵意见和建议，在此表示衷心感谢。同时，向给予本书编写过程中提供帮助和建议的其他同志表示诚挚的谢意。本书电子图请至360云盘免费下载。地址：1362669726@qq.com，密码：huagongshe，“化工出版社课件”文件夹。

由于编者水平有限，书中难免有错误和不妥之处，敬请读者批评指正。

目　录

第一章

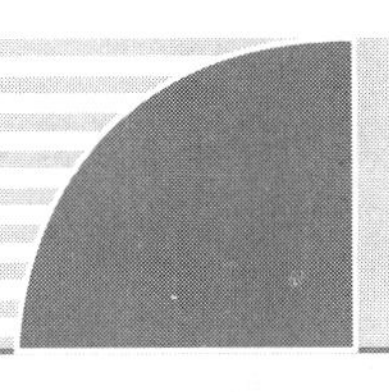

概述

【能力目标】

掌握工程量的基本概念及其列项的基本思路。

一、布置任务

（1）熟悉1号住宅楼的图纸，根据图纸对其进行分层。

（2）根据图纸对首层进行分块。

（3）根据图纸对首层围护结构、顶部结构、室内结构、室外结构、室内装修和室外装修进行分解。

（4）根据图纸分析上述哪些构件是复合构件？它们又分解为哪些子构件？

二、内容讲解

三、完成所布置的任务

第一节　工程量计算的步骤

实际工程中工程量计算主要包括以下几个主要步骤，如图1-1所示。

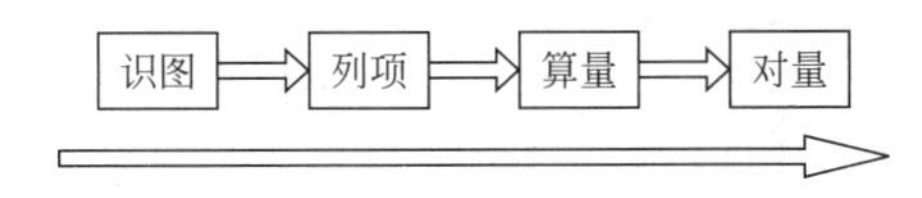

图1-1　工程量计算步骤图

1. 识图

工程识图是工程量计算的第一步，如果连工程图纸都看不懂，就无法进行工程量的计算和工程计价。虽然识图是在前期课程工程制图或工程识图中就应该解决的问题，但是在工程量计算时大多数同学拿到图纸仍然是眼前一抹黑，搞不懂。因此，我们从实践中总结出来的观点是：在工程量计算的过程中学会识图。

2. 列项

在计算工程量（不管是清单工程量还是计价工程量）时遇到的第一个问题不是怎么计算的问题，而是计算什么的问题。计算什么的问题在这里就叫做列项。列项不准确会直接影响后面工程量的计算结果。因此，计算工程量时不要拿起图纸就计算，这样很容易漏算或者重算，在计算工程量之前首先要学会列项，即弄明白整个工程要计算哪些工程量，然后再根据不同的工程量计算规则计算所列项的工程量。

3. 算量

算量就是根据相关的工程量计算规则，包括《房屋建筑与装饰工程计量规范》（GB 500854—2013）中的工程量计算规则和各地定额中的工程量计算规则，计算房屋建筑工程的清单工程量及与清单项目工作内容相配套的计价工程量。

4. 对量

对量是工程计价过程中最重要的一个环节，包括自己和自己对，自己和别人对。先手工根据相关计算规则做出一个标准答案来，再和用软件做出来的答案对照，如果能对上就说明软件做对了，对不上的要找出原因，今后在做工程中想办法避免或者修正。通过这个过程，用软件做工程才能做到心里有底。

第二节 工程量的基本概念

1. 工程量

工程量是根据设计的施工图纸，按清单分项或定额分项、《房屋建筑与装饰工程计量规范》或《建筑工程、装饰工程预算定额》计算规则进行计算，以物理计量单位表示的一定计量单位的清单分项工程或定额分项工程的实物数量。其计量单位一般为分项工程的长度、面积、体积和重量等。

2. 清单工程量

《建设工程工程量清单计价规范》（GB 50500—2013）规定：清单项目是综合实体，其工作内容除了主项工程外还包括若干附项工程，清单工程量的计算规则只针对主项工程。

清单工程量是根据设计的施工图纸及《房屋建筑与装饰工程计量规范》计算规则，以物理计量单位表示的某一清单主项实体的工程量，并以完成后的净值计算，不一定反映全部工程内容。因此，承包商在根据工程量清单进行投标报价时，应在综合单价中考虑主项工程量需要增加的工程量和附项工程量。

3. 计价工程量

计价工程量也称为报价工程量，它是计算工程投标报价的重要基础。清单工程量作为统一各承包商报价的口径是十分重要的。但是，承包商不能根据清单工程量直接进行报价。这是因为清单工程量只是清单主项的实体工程量，而不是施工单位实际完成的施工工程量。承包商在根据清单工程量进行投标报价时，各承包商应根据拟建工程施工图、施工方案、所用定额及工程量计算规则计算出的用以满足清单项目工程量计价的主项工程和附项工程实际完成的工程量，就叫计价工程量。

第三节 工程量列项

1. 列项的目的

列项的目的就是为了计算工程量时不漏项、不重项，学会自查或查别人。图纸有很多内

容，而且很杂，如果没有一套系统的思路，计算工程量时将无法下手，很容易漏项。为了不漏项，对图纸有一个系统、全面的了解，就需要列项。

2. 建筑物常见的几种列项方法

目前建筑物常见的列项方法包括以下几种。

（1）按照施工顺序的列项方法　这种方法主要是根据施工的顺序来列项，如平整场地—挖基础土方—基础垫层—基础—基础梁—基础柱子—基础墙—回填土等，这种方法对于有施工经验的人来说比较适用，但对于没有施工经验的人来说很难列全，漏项是不可避免的。

（2）先列结构后列建筑的列项方法　这种方法就是先列墙梁板柱等主体构件，再列室内外装修等装修项目，该方法也是能把工程中大的构件列出来，小的项目也会漏掉。

（3）按照图纸顺序的列项方法　这种方法是按照图纸的顺序一张一张地过，看到图纸上有什么就列什么，图纸上没有什么就不列什么，结果漏的项更多，因为有些项目图纸上是不画的，比如散水伸缩缝、楼梯栏杆等。

（4）按照构件所处位置的列项方法　这种方法打破建筑、结构的概念，打破施工顺序的概念，按照构件所处的位置进行分类列项。这种方法从垂直方向把建筑物分成了七层（将相同类型的层合并成一层），从水平方向把某一层又分成六大块，分别是：围护结构、顶部结构、室内结构、室外结构、室内装修、室外装修，然后从围护结构继续往下分，一直分到算量的最细末梢。这种列项方法是一个从粗到细，从宏观到微观的过程。通过以下4个步骤对建筑物进行工程量列项，可以达到不重项、不漏项的目的，如图1-2所示。

图1-2　按照构件所处位置的列项步骤图

实践证明，这种方法效果很好，因为人人都住在建筑物里面，都有上下左右、室内室外的概念。这种方法易于理解，便于记忆，因此，下面重点介绍这种列项方法。

3. 建筑物分层

针对建筑物的工程量计算而言，列项的第一步就是先把建筑物分层，建筑物垂直方向从下往上一般分为七个基本层，分别是：基础层、$-n$～-2层、-1层、首层、2～n层、顶层和屋面层，如图1-3所示。

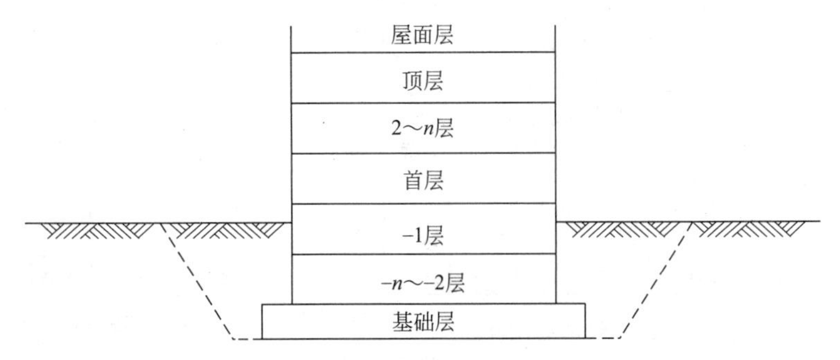

图1-3　建筑物分层示意图

这七个基本层每层都有其不同的特点。其中：

（1）基础层与房间（无论是地下房间还是地上房间）列项完全不同，因此，单独作为一层。

（2）$-n$ ～ -2层与首层相比，全部埋在地下，外墙不是装修，而是防潮、防水，而且没有室外构件。由于$-n$ ～ -2层列项方法相同，因此将$-n$ ～ -2层看做是一层。

（3）-1层与首层相比部分在地上，部分在地下。因此，外墙既有外墙装修又有外墙防水。

（4）首层与其他层相比有台阶、雨篷、散水等室外构件。

（5）2 ～ n层不管是不是标准层，与首层相比没有台阶、雨篷、散水等室外构件。由于2 ～ n层其列项方法相同，因此将2 ～ n层看做是一层。

（6）顶层与2 ～ n的区别是有挑檐。

（7）屋面层与其他层相比，没有顶部构件、室内构件和室外构件。

4. 建筑物分块

对于建筑物分解的每一层，一般分解为六大块：围护结构、顶部结构、室内结构、室外结构、室内装修及室外装修，如图1-4所示。

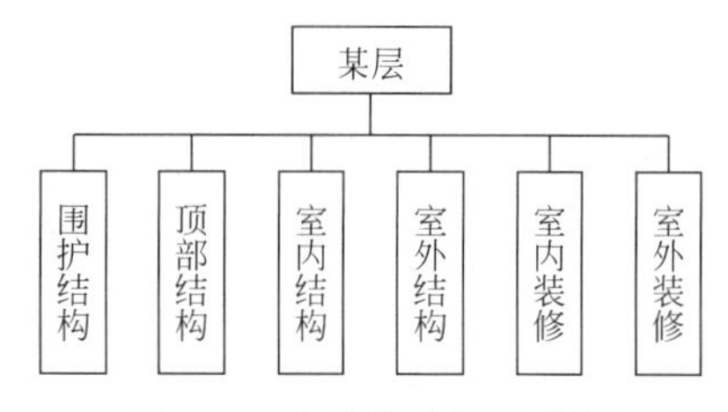

图1-4 建筑物分块示意图

（1）围护结构 把围成首层各个房间周围的所有构件统称为围护结构。

（2）顶部结构 把围成首层各个房间顶盖的所有构件统称为顶部结构。

（3）室内结构 把占首层某房间空间位置的所有构件统称为室内结构。

（4）室外结构 把外墙皮以外的所有构件统称为室外结构。

（5）室内装修 把构成首层的每个房间的地面、踢脚、墙裙、墙面、天棚、吊顶统称为室内装修。

（6）室外装修 把构成首层的外墙裙、外墙面、腰线装修及玻璃幕墙统称为室外装修。

5. 建筑物分构件

将建筑物分成块之后，并不能直接计算每一块的工程量，还要把每块按照建筑物的组合原理拆分成若干个构件量，下面以首层为例将每一块进行分解成构件。

（1）围护结构包括的构件 首层围护结构包括的构件如图1-5所示。

（2）顶部结构包括的构件 首层顶部结构包括的构件如图1-6所示。

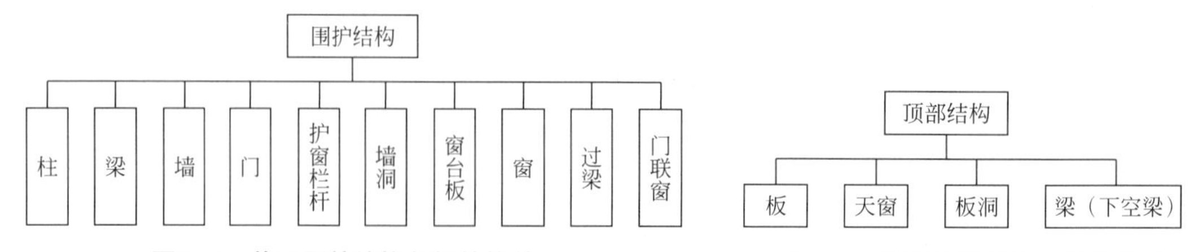

图1-5 首层围护结构包括的构件　　**图1-6 首层顶部结构包括的构件**

（3）室内结构包括的构件 首层室内结构包括的构件如图1-7所示。其中楼梯、水池、化验台属于复合构件，需要再往下进行分解，直到能算量为止。

楼梯包括的构件如图1-8所示。

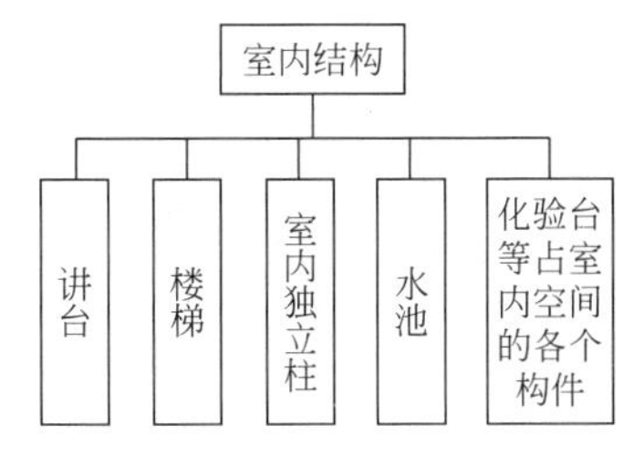

图1-7　首层室内结构包括的构件

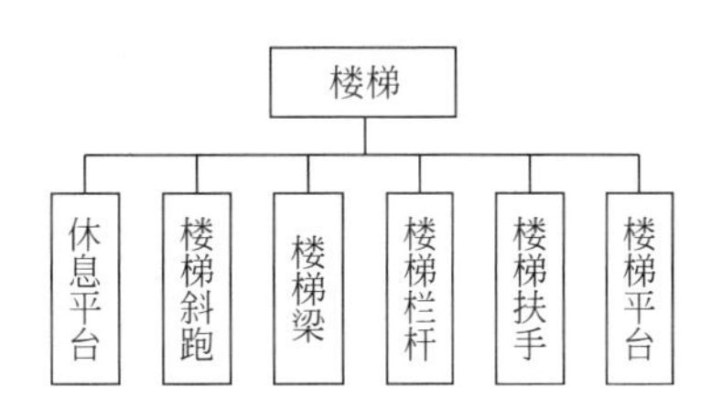

图1-8　楼梯包括的构件

水池包括的构件如图1-9所示。

化验台包括的构件如图1-10所示。

（4）室外结构包括的构件　首层室外结构包括的构件如图1-11所示。其中飘窗、坡道、台阶、阳台、雨篷和挑檐属于复合构件，需要再进行往下分解，直到能算量为止。

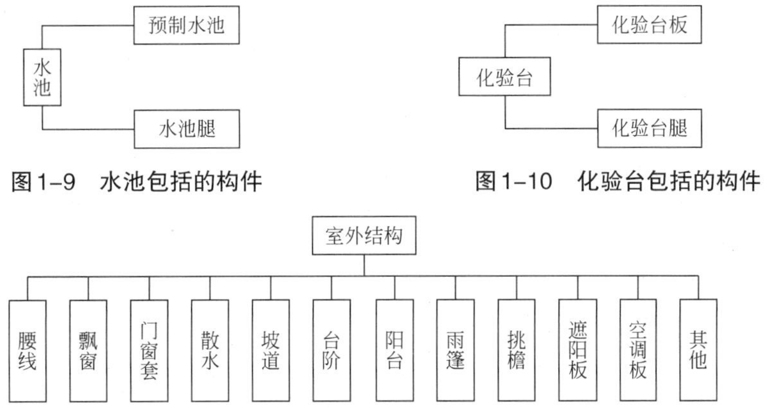

图1-9　水池包括的构件

图1-10　化验台包括的构件

图1-11　首层室外结构包括的构件

飘窗包括的构件如图1-12所示。

坡道包括的构件如图1-13所示。

台阶包括的构件如图1-14所示。

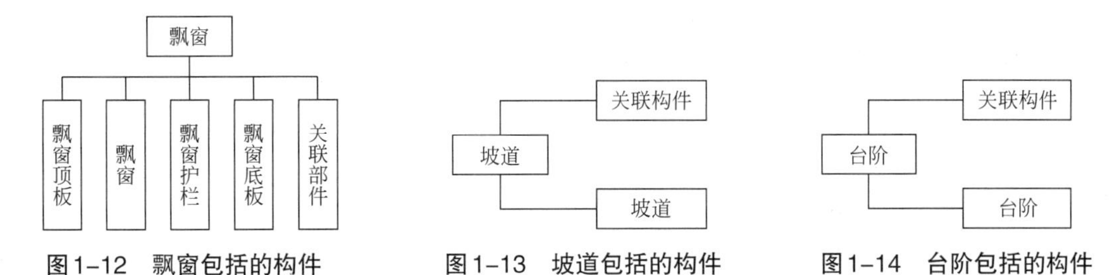

图1-12　飘窗包括的构件

图1-13　坡道包括的构件

图1-14　台阶包括的构件

阳台包括的构件如图1-15所示。

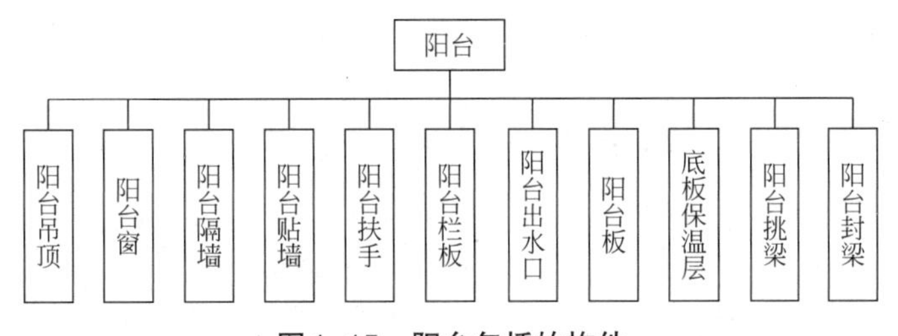

图1-15　阳台包括的构件

雨篷包括的构件如图1-16所示。

挑檐包括的构件如图1-17所示。

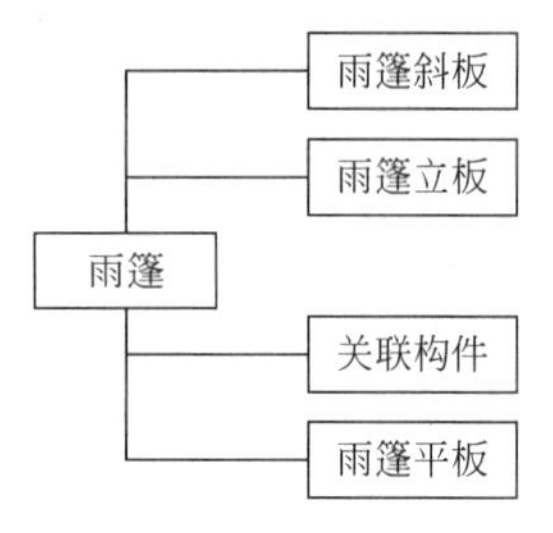

图1-16 雨篷包括的构件

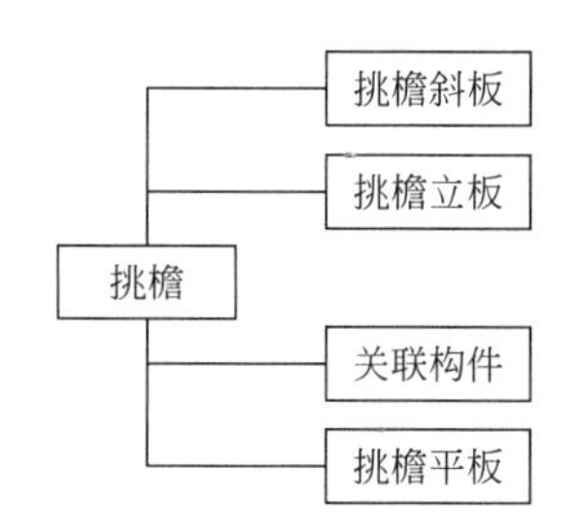

图1-17 挑檐包括的构件

（5）室内装修包括的构件 首层室内装修包括的构件如图1-18所示。

（6）室外装修包括的构件 首层室外装修包括的构件如图1-19所示。

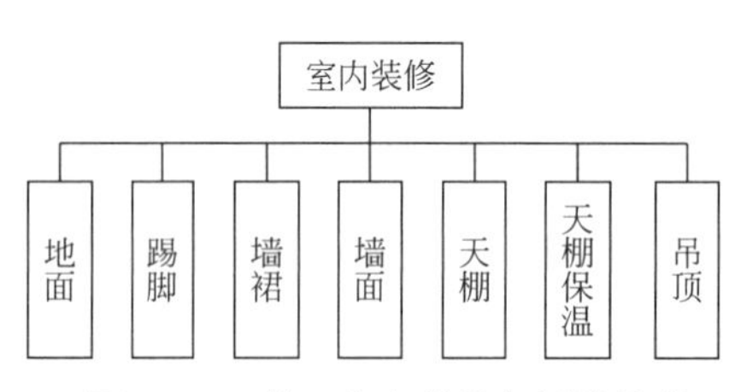

图1-18 首层室内装修包括的构件

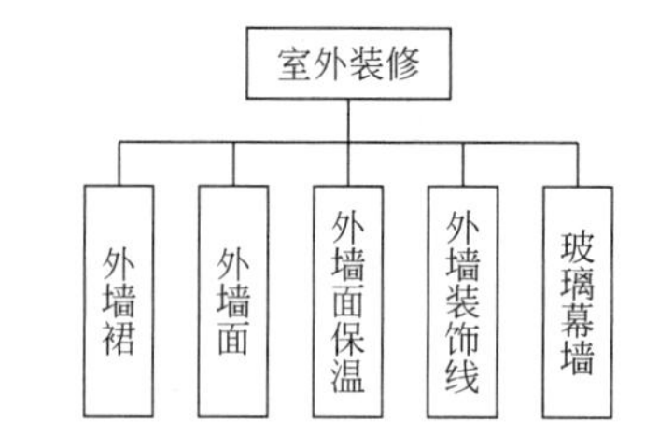

图1-19 首层室外装修包括的构件

6.建筑物工程量列项

前面的讲解已经把建筑物分解到构件级别，但是仍不能根据《房屋建筑与装饰工程计量规范》和《建筑工程装饰工程预算定额》计算每一类构件的工程量，这时要根据《房屋建筑与装饰工程计量规范》和《建筑工程装饰工程预算定额》同时思考以下五个问题来进行工程量列项：

（1）查看图纸中每一类构件包含哪些具体构件；

（2）这些具体构件有什么属性；

（3）这些具体构件应该套什么清单分项或定额分项；

（4）清单或者定额分项的工程量计量单位是什么；

（5）计算规则是什么。

第二章

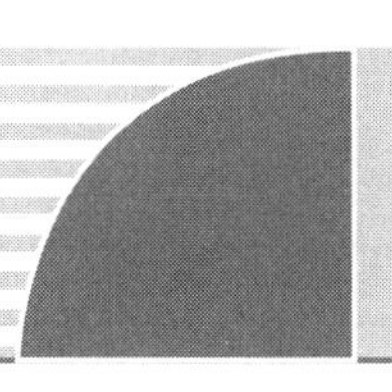

首层工程量手工计算

【能力目标】

掌握首层构件清单工程量和其对应的计价工程量计算规则，并根据这些规则手工计算各构件的工程量。

现在开始计算1号住宅楼的图形工程量，从图纸建筑设计说明中的工程概况可知：该工程地下1层，地上5层，按照手工习惯，应该从基础层开始算起。本书为了配合软件对量，从首层开始算起。其实手工计算没有严格的顺序，只要不漏项，不算错，从哪里开始计算都没有关系。下面根据图纸，按照第一章讲解的立项方法，来计算首层各个构件的工程量。

第一节　首层围护结构的工程量计算

一、门的工程量计算

（一）布置任务

1.根据图纸建施-01和建施-04对首层门进行列项（要求细化到工程量级别，即列出的分项能在清单中找出相应的编码，比如：门要列出不同材质的门制安、油漆及门锁等）

2.总结不同种类门的各种清单、定额工程量计算规则

3.计算首层所有门的清单、定额工程量

（二）内容讲解

1.门的清单工程量计算规则

由建施-01可知，首层门包括防盗门、单元对讲门、胶合板门和铝合金门四种。

清单规范中木门的工作内容包括：门安装、玻璃安装、五金安装，其清单工程量按设计图示洞口尺寸以面积计算。

木门锁的安装按设计图示数量以套计算。

木门的油漆包括基层清理、刮腻子、刷防护材料、油漆，其清单工程量按设计图示洞口

尺寸以面积计算。

其他防盗门、单元对讲门和铝合金门的工作内容包括门安装、五金安装，其清单工程量按设计图示洞口尺寸以面积计算。

2. 门的定额工程量计算规则

预算定额中门的工作内容一般包括：门框、扇的制作、安装，刷防腐油，安玻璃及小五金，周边塞缝等。其定额工程量也是按洞口面积以平方米计算。

（三）完成任务

首层门的工程量计算表见表2-1。

表2-1 首层门的工程量计算表（参考建施-01和建施-04）

构件名称	算量类别	编码	项目特征	算量名称	计算公式	工程量	单位	所属墙体
M0821	清单	010801001	胶合板门	洞口面积	洞口面积×数量	6.72	m²	100厚内墙含洞口面积6.72m²
	定额	子目1	制作	框外围面积	同上	6.72	m²	
		子目2	运输		同上	6.72	m²	
		子目3	后塞口		同上	6.72	m²	
		子目4	五金	樘	数量	4	樘	
	清单	011401001	胶合板门油漆	洞口面积	洞口面积×数量	6.72	m²	
	定额	子目1	油漆	框外围面积		6.72	m²	
M0921	清单	010801001	胶合板门	洞口面积	洞口面积×数量	15.12	m²	200厚内墙含洞口面积36.48m²
	定额	子目1	制安	框外围面积（或洞口面积）	同上	15.12	m²	
		子目2	运输		同上	15.12	m²	
		子目3	后塞口		同上	15.12	m²	
		子目4	五金	樘	数量	8	樘	
	清单	011401001	胶合板门油漆	洞口面积	洞口面积×数量	15.12	m²	
	定额	子目1	油漆	框外围面积		15.12	m²	
M0921	清单	010802004	防盗门	洞口面积	洞口面积×数量	7.56	m²	
	定额	子目1	制安	框外围面积（或洞口面积）	同上	7.56	m²	
		子目2	后塞口		同上	7.56	m²	
		子目3	五金	樘	数量	4	樘	

续表

构件名称	算量类别	编码	项目特征	算量名称	计算公式	工程量	单位	所属墙体
M1523	清单	010801001	胶合板门	洞口面积	洞口面积×数量	13.8	m^2	200厚内墙 含洞口面积 36.48m^2
	定额	子目1	制作	框外围面积（或洞口面积）	同上	13.8	m^2	
		子目2	运输		同上	13.8	m^2	
		子目3	后塞口		同上	13.8	m^2	
		子目4	五金	樘	数量	4	樘	
	清单	011401001	胶合板门油漆	洞口面积	洞口面积×数量	13.8	m^2	
	定额	子目1	油漆	框外围面积		13.8	m^2	
M1221	清单	010805003	单元对讲门	洞口面积	洞口面积×数量	5.04	m^2	200厚外墙 含洞口面积 26.04m^2
	定额	子目1	制安	框外围面积（或洞口面积）	同上	5.04	m^2	
		子目2	后塞口		同上	5.04	m^2	
TLM2521	清单	010802001	铝合金推拉门	洞口面积	洞口面积×数量	21	m^2	
	定额	子目1	制安	框外围面积（或洞口面积）	同上	21	m^2	
		子目2	后塞口		同上	21	m^2	

注：未考虑框扣尺寸，运输不发生不计。

二、窗的工程量计算

（一）布置任务

1. 根据图纸建施-01和建施-04对首层窗进行列项（要求细化到工程量级别，即列出的分项能在清单中找出相应的编码，比如窗要列出不同材质的窗安装等）
2. 总结不同种类窗的各种清单、定额工程量计算规则
3. 计算首层所有窗的清单、定额工程量

（二）内容讲解

1. 窗的清单工程量计算规则

由建施-01可知，首层窗均为塑钢窗。

清单规范中塑钢窗和塑钢飘窗的工作内容包括：窗安装和五金安装。

塑钢窗的计算规则有两种：（1）以樘计量，按设计图示数量计算；（2）以平方米计量，按设计图示洞口尺寸以面积计算。

塑钢飘窗的计算规则有两种：（1）以樘计量，按设计图示数量计算；（2）以平方米计量，按设计图示洞口尺寸以框外围展开面积计算。

2. 窗的定额工程量计算规则

预算定额中窗的工作内容包括：窗的制作、运输、后塞口等。其定额工程量也是按洞口

面积或框外围面积以平方米计算。

（三）完成任务

首层窗的工程量计算表见表2-2。

表2-2 首层窗的工程量计算表（参考建施-01、建施-04、建施-11）

构件名称	算量类别	编码	项目特征	算量名称	计算公式	工程量	单位	所属墙体
C1215	清单	010807001	塑钢窗	洞口面积	洞口面积×数量	7.2	m^2	200厚外墙含洞口面积$7.2m^2$
	定额	子目1	制作	洞口面积	同上	7.2	m^2	
		子目2	运输		同上	7.2	m^2	
		子目3	后塞口		同上	7.2	m^2	
阳台窗	清单	010807001	塑钢窗	洞口面积	（阳台栏板中心线三面长度）×阳台窗高×数量	51.264	m^2	
	定额	子目1	制作	洞口面积	同上	51.264	m^2	
		子目2	运输		同上	51.264	m^2	
		子目3	后塞口		同上	51.264	m^2	
飘窗	清单	010807001	塑钢窗	洞口面积	（飘窗中心线长度）×飘窗窗高×数量	21	m^2	200厚外墙含洞口面积$21m^2$
	定额	子目1	制作	洞口面积	同上	21	m^2	
		子目2	运输		同上	21	m^2	
		子目3	后塞口		同上	21	m^2	

注：这里未考虑框扣尺寸，运输不发生不计。

三、墙洞及窗台板的工程量计算

（一）布置任务

1. 根据图纸建施-01和建施-04分析首层哪个部位有墙洞，哪个窗户有窗台
2. 总结墙洞和窗台板的清单、定额工程量计算规则
3. 计算首层墙洞和窗台板的清单、定额工程量

（二）内容讲解

1. 窗台板的清单工程量计算规则

清单规范中窗台板的工作内容包括：基层清理，基层制作、安装，窗台板制作安装，刷防护材料。其工程量计算规则按设计图示尺寸以展开面积计算。

2. 窗台板的定额工程量计算规则

预算定额中窗台板的工作内容包括：窗台版的制作、运输、安装等。其定额工程量也是按设计图示尺寸以展开面积计算。

（三）完成任务

首层墙洞及窗台板的工程量计算表见表2-3。

表2-3　首层墙洞及窗台板工程量计算表（参考建施-01、建施-04和建施-09）

构件名称	算量类别	编码	项目特征	算量名称	计算公式	工程量	单位	所属墙体
D2515	清单			洞口面积	洞口面积×数量	15	m^2	200厚外墙含洞口面积15m^2
	定额			洞口面积	同上	15	m^2	
窗台板	清单	010809004	大理石	窗台板面积	窗台板长×窗台板宽×数量	6.5	m^2	
	定额	子目1	大理石	窗台板面积	同上	6.5	m^2	

【温馨提示】

由建施-04可知，首层飘窗处有墙洞和窗台板。墙洞在清单中并无具体的清单项，此处只需要列出该项，表明窗口处有墙洞即可。其工程量以平方米计算，便于计算墙体工程量时扣除其所占的体积。

窗台板的相关信息见建施-01，内装修表中最后一列。

四、剪力墙的工程量计算

（一）布置任务

1. 根据图纸建施-01和建施-04对首层剪力墙进行列项（要求细化到工程量级别，即列出的分项能在清单中找出相应的编码，比如剪力墙要列出混凝土墙和模板等）

2. 总结剪力墙的各种清单、定额工程量计算规则

3. 计算首层所有剪力墙的清单、定额工程量

（二）内容讲解

1.　剪力墙的清单工程量计算规则

剪力墙的工作内容包括：

（1）模板及支撑制作、安装、拆除、堆放、运输及清理模内杂物、刷隔离剂。

（2）混凝土制作、运输、浇筑、振捣、养护等。如果混凝土模板单独列项，则混凝土和模板的清单工程量计算规则有以下两点。

① 混凝土体积按设计图示尺寸以体积计算，扣除门窗洞口及单个面积＞0.3m^2的孔洞所占体积，墙垛及突出墙面部分并入墙体体积计算内。

② 模板按与剪力墙的接触面积计算。

2.　剪力墙的定额工程量计算规则

与清单工程量计算规则相同。

（三）完成任务

在计算首层墙体之前，需要先计算外墙中心线和内墙净长线，见表2-4。

表2-4　首层剪力墙长度计算表（参考结施-04）　　单位：m

序号	墙名称	墙位置	计算公式	长度	墙长	墙高
1	外墙200中心线	1、7、8、14轴线		39.6	90	2.8
		E/1-7、E/8-14		22.8		
		B/1-2、B/6-7、B/8-9、B/13-14		8.4		
		2/A-B、6/A-B、9/A-B、13/A-B		4.8		
		A/2-6、A/9-13		14.4		
2	内墙200净长线	3/D-E、5/D-E、10/D-E、12/D-E		19.6	86.8	2.8
		D/1-7、D/8-14		22.4		
		C/1-7、C/8-14		22		
		4/A-D、11/A-D		11.6		
		2/B-C、6/B-C、9/B-C、13/B-C		11.2		
3	内墙100净长线	C-D轴线之间		6.4	6.4	2.8

【温馨提示】

C/1-7被4/A-D截断，重合部分不算；在4/A-D、11/A-D处通算其长度。

接下来就可以计算首层墙体工程量了，见表2-5。

表2-5　首层剪力墙工程量计算表（参考结施-04）

构件名称	算量类别	清单编码	项目特征	算量名称	墙位置	计算公式	工程量	单位
外墙JLQ200	清单	010504001	C30钢筋混凝土	体积	所有外墙	（外墙长×墙高×墙厚）-（阳台门洞所占体积）×数量-（楼梯间窗所占体积）×数量-[楼梯间门所占体积]×数量-（C1215所占体积）×数量-（飘窗洞所占体积）×数量	40.848	m^3
	定额	子目1	C30钢筋混凝土	体积	所有外墙	同上	40.848	m^3
	清单	011702011	普通模板	模板面积	1、7、8、14轴线	[（1轴线墙内外侧长度）×墙高-（相交墙所占的面积×2）-板头所占面积]×数量	212.816	（402.384）m^2
					E/1-7、E/8-14轴线	[（E/1-7轴线墙内外侧长度-相交墙所占长度）×墙高-（阳台门所占面积）+（阳台门三面侧壁面积）-（楼梯间门所占面积）+（楼梯间门三面侧壁面积）-（楼梯间窗所占面积）+（楼梯间窗三面侧壁面积）-（板头所占面积）-阳台栏板及底板与外墙相交面积]×数量	77.408	

续表

构件名称	算量类别	清单编码	项目特征	算量名称	墙位置	计算公式	工程量	单位
	清单	011702011	普通模板	模板面积	B/1-2、B/6-7、B/8-9、B/13-14轴线	[(B/1-2轴线墙内外侧长度)×墙高-(C1215所占面积)+(C1215侧壁所占面积)-板头所占面积-(相交墙所占面积)]×数量	33.808	(402.384) m^2
					2/A-B、6/A-B、9/A-B、13/A-B轴线	[(2/A-B轴线墙内外侧长度)×墙高-(板头所占面积)]×数量	26.304	
					A/2-6、A/9-13轴线	[(A/2-6轴线墙内外侧长度-相交墙所占长度)×墙高-(飘窗洞所占面积)×数量+(飘窗洞侧壁所占面积)×数量-(卧室板头所占面积)-飘窗底板和顶板与墙相交的面积]×数量	52.048	
	定额	子目1	普通模板	模板面积	所有外墙	同清单汇总	402.384	m^2
内墙JLQ200	清单	010504001	C30钢筋混凝土	体积	所有内墙	(内墙长×墙高×墙厚)-(M0921所占面积×墙厚)×数量-(M1523所占面积×墙厚)×数量	41.312	m^3
	定额	子目1	C30钢筋混凝土	体积	所有内墙	同上	41.312	m^3
	清单	011702011	普通模板	模板面积	3/D-E、5/D-E、10/D-E、12/D-E轴线	[(3/D-E墙内外侧长度)×墙高-(M0921所占面积)+(M0921三面侧壁所占面积)-(板头所占面积)]×数量	95.916	(403.916) m^2
					D/1-7、D/8-14轴线	[(D/1-7轴线内外侧长度)×墙高-(相交墙所占长度)×数量-(M1523所占面积)×数量+(M1523三面侧壁所占面积)×数量-(客厅板头所占面积)×数量-(过道卫生间板头所占面积)×数量-(楼梯间板头所占面积)]×数量	94.24	
					C/1-7、C/8-14轴线	[(C/1-7轴线墙内外长度)×墙高-(M0921所占面积)×数量+(M0921三面侧壁所占面积)×数量-(相交墙宽度所占长度)×数量-(厨房板头所占面积)×数量-(卧室板头所占面积)×数量-(过道卫生间板头所占面积)×数量]×数量	93.696	
					4/A-D、11/A-D	[(4/A-D轴线墙内外长度)×墙高-(墙相交面积)-(卧室板头所占面积)×数量-(卫生间板头所占面积)×数量]×数量	60.032	

续表

<table>
<tr><th>构件名称</th><th>算量类别</th><th>清单编码</th><th>项目特征</th><th>算量名称</th><th>墙位置</th><th>计算公式</th><th>工程量</th><th>单位</th></tr>
<tr><td rowspan="2">内墙JLQ200</td><td>清单</td><td>011702011</td><td>普通模板</td><td>模板面积</td><td>2/B-C、6/B-C、9/B-C、13/B-C轴线</td><td>[（2/B-C轴线墙内外长度）×墙高－（厨房板头所占面积）×数量]×数量</td><td>60.032</td><td>（403.916）m^2</td></tr>
<tr><td>定额</td><td>子目1</td><td>普通模板</td><td>普通模板</td><td>所有内墙</td><td>同清单汇总</td><td>403.916</td><td>m^2</td></tr>
<tr><td rowspan="2">内墙TBQ100</td><td>清单</td><td>011210005</td><td>条板墙</td><td>面积</td><td>卫生间隔断</td><td>[（卫生间净长）×墙高－（M0821所占面积）－（卫生间板头所占面积）]×数量</td><td>10.432</td><td>m^3</td></tr>
<tr><td>定额</td><td>子目1</td><td>条板墙</td><td>面积</td><td>卫生间隔断</td><td>同上</td><td>10.432</td><td>m^3</td></tr>
</table>

【温馨提示】

第一层到第二层之间的楼梯间窗户一部分在一层，一部分在二层，见建施－10。楼梯间楼层板的宽度为1.13=1.43−0.1−0.2，具体见结施－12。

第二节　顶部结构工程量计算

一、板的工程量计算

由于首层的顶部结构只有板，所以只需要对板进行计算即可。

（一）布置任务

1. 根据图纸对首层板进行列项（要求细化到工程量级别，即列出的分项能在清单中找出相应的编码，比如板要列出板的清单项以及模板、脚手架等）

2. 总结板的各种清单、定额工程量计算规则

3. 计算首层所有板的清单、定额工程量

（二）内容讲解

1. 板的清单工程量计算规则

板的混凝土工作内容与剪力墙相同。

混凝土体积按设计图示尺寸以体积计算，不扣除单个面积≤0.3m^{2}的柱、垛及孔洞所占体积，有梁板（包括主、次梁与板）按梁、板体积之和计算，无梁板按板和柱帽体积之和计算，各类板伸入墙内的板头并入板体积内。

平板的模板工程量计算规则为：按与板的接触面积计算。

2. 板的定额工程量计算规则

与清单工程量计算规则相同。

（三）完成任务

首层板的工程量计算表见表2-6。

表2–6　首层板工程量计算表（参考结施–10）

构件名称	算量类别	清单编码	项目特征	算量名称	位置	计算公式	工程量	单位
B120	清单	010505003	C30	体积	E-D/1-3、E-D/5-7、E-D/8-10、E-D/12-14	［客厅顶板净面积×板厚］×数量	9.408	（22.714）m³
					C-D/1-4、C-D/4-7、C-D/8-11、C-D/11-14	［过道卫生间顶板净面积×板厚］×数量	4.224	
					B-C/1-2、B-C/6-7、B-C/8-9、B-C/13-14	［厨房顶板净面积×板厚］×数量	2.554	
					A-C/2-4、A-C/4-6、A-C/9-11、A-C/11-13	［卧室顶板净面积×板厚］×数量	6.528	
	定额	子目1	C30	体积		同清单汇总	22.714	m³
	清单	011702016	普通模板	普通模板	E-D/1-3、E-D/5-7、E-D/8-10、E-D/12-14	［客厅顶板净面积］×数量	78.4	（189.28）m²
					C-D/1-4、C-D/4-7、C-D/8-11、C-D/11-14	［过道卫生间顶板净面积］×数量	35.2	
					B-C/1-2、B-C/6-7、B-C/8-9、B-C/13-14	［厨房顶板净面积］×数量	21.28	
					A-C/2-4、A-C/4-6、A-C/9-11、A-C/11-13	［卧室顶板净面积］×数量	54.4	
	定额	子目1	普通模板	模板面积		同情单汇总	189.28	m²
B100	清单	010505003	C30	体积	楼层平台板	［楼梯间楼层平台顶板净面积×板厚］×数量	0.633	m³
	定额	子目1	C30	体积		同上	0.633	m³
	清单	011702016	普通模板	模板面积	楼层平台板	［楼梯间楼层平台顶板净面积］×数量	6.328	m²
	定额	子目1	普通模板	模板面积		同上	6.328	m²

净面积=净长×净宽

平台板B100的尺寸详见结施-12首层楼梯详图。

第三节 室内结构工程量计算

一、楼梯的工程量计算

由于首层的室内结构只有楼梯，所以只需要对楼梯进行计算即可。

（一）布置任务

1. 根据图纸对首层楼梯进行列项（要求细化到工程量级别，即列出的分项能在清单中找出相应的编码，比如楼梯要列出楼梯的清单项以及模板清单项等，以及楼梯的顶部装修部分的清单项）

2. 总结楼梯的各种清单、定额工程量计算规则

3. 计算首层所有楼梯的清单、定额工程量

（二）内容讲解

1. 楼梯的清单工程量计算规则

楼梯的混凝土工作内容与剪力墙相同。楼梯的清单工程量计算包括以下几种。

（1）楼梯的混凝土和模板工程量 楼梯的混凝土工程量计算规则包括两种：

① 以平方米计量，按设计图示尺寸以水平投影面积计算。不扣除宽度≤500mm的楼梯井，伸入墙内部分不计算；

② 以立方米计量，按设计图示尺寸以体积计算（本工程中采用第一种做法，以水平投影面积计算楼梯清单工程量）。

楼梯的模板工程量计算规则为：按楼梯（包括休息平台、平台梁、斜梁、和楼层板的连接梁）的水平投影面积计算，不扣除宽度≤500mm的楼梯井所占面积。楼梯的踏步、踏步板平台梁等侧面模板，不另计算。伸入墙内的部分亦不增加。

（2）楼梯的装修面层工程量计算 按设计图示尺寸以楼梯（包括踏步、休息平台及≤500mm的楼梯井）水平投影面积计算。楼梯与楼地面相连时，算至梯口梁内侧边沿；无梯口梁者，算至最上一层踏步边沿加300mm。

（3）楼梯地面天棚抹灰工程量计算 板式楼梯底面抹灰按斜面积计算。

2. 楼梯的定额工程量计算规则

楼梯的混凝土、模板、面层和地面抹灰工程量均与与清单工程量计算规则相同。

（三）完成任务

首层楼梯的工程量计算表见表2-7。

表2-7 首层楼梯工程量计算表（参考结施-12、建施-13）

构件名称	算量类别	清单编码	项目特征	算量名称	计算公式	工程量	单位
楼梯	清单	010506001	C30钢筋混凝土	水平投影面积	[（楼梯净宽）×（楼梯净长）]×数量	21.112	m^2
	定额	子目1	C30钢筋混凝土	水平投影面积	同上	21.112	m^2
	清单	011702024	普通模板	水平投影面积	[（楼梯净宽）×（楼梯净长）]×数量	21.112	m^2
	定额	子目1	普通模板	水平投影面积	同上	21.112	m^2
楼梯面层装修	清单	011106002	防滑地砖	水平投影面积	[（楼梯净宽）×（楼梯净长）]×数量	21.112	m^2
	定额	子目1	防滑地砖	水平投影面积	同上	21.112	m^2
楼梯底部装修	清单	011301001	涂料顶棚	底部实际面积	楼梯水平投影面积×长度经验系数	24.068	m^2
	定额	子目1	刮耐水腻子	底部实际面积（天棚抹灰）	同上	24.068	m^2
		子目2	耐擦洗涂料	底部实际面积（天棚涂料）	同上	24.068	m^2

【温馨提示】

（1）梯梯与板的分界线距D轴线1230；

（2）楼梯底部装修面积=投影面积×楼梯斜度系数。

第四节 室外结构工程量计算

由建施-04和建施-05可知：本工程的室外结构主要有阳台、雨篷、飘窗、台阶、散水等。

一、阳台的工程量计算

（一）布置任务

1. 根据图纸对首层阳台进行列项（阳台可以分为阳台顶板和阳台栏板，要分别进行列项；要求细化到工程量级别，即列出的分项能在清单中找出相应的编码，比如阳台顶板的清单项以及模板清单项，阳台栏板的清单项以及模板清单项等）
2. 总结阳台的各种清单、定额工程量计算规则
3. 计算首层所有阳台的清单、定额工程量

（二）内容讲解

1. 阳台板的清单工程量计算规则

按设计图示尺寸以墙外部分体积计算。包括伸出墙外的牛腿体积。

2. 阳台栏板的清单工程量计算规则

按设计图示尺寸以体积计算，不扣除单个面积≤0.3m^{2}的柱、垛及孔洞所占体积。

3. 阳台板的模板工程量计算规则

按图示外挑部分尺寸的水平投影面积计算，挑出墙外的悬臂梁及板边不另计算。

4. 阳台栏板的模板工程量计算规则

按与混凝土栏板接触面积计算。

5. 阳台顶板、栏板的混凝土和模板的定额工程量计算规则

与清单工程量计算规则相同。

（三）完成任务

1. 首层阳台顶板的工程量计算表见表2-8。

表2-8 首层阳台顶板工程量计算表（其实是二层阳台底板，参考结施-10）

构件名称	算量类别	清单编码	项目特征	算量名称	计算公式	工程量	单位
首层阳台顶板	清单	010505008	C30	体积	[（阳台板长）×阳台板宽×阳台板厚]×数量	3.168	m^3
	定额	子目1	C30	体积	同上	3.168	m^3
	清单	011702023	普通模板	模板面积	[（阳台板长）×阳台板宽]×数量	26.4	m^2
	定额	子目1	普通模板	模板面积	同上	26.4	m^2

2. 首层阳台栏板的工程量计算见表2-9。

表2-9 阳台栏板工程量计算表（参考结施-07）

构件名称	算量类别	清单编码	项目特征	算量名称	计算公式	工程量	单位
阳台栏板 LB100×900	清单	010505006	C30钢筋混凝土	体积	[栏板中心线长度×栏板厚度×栏板高度+两侧栏板中心线长度×栏板厚度×栏板高度]×阳台个数	2.592	m^3
	定额	子目1	C30钢筋混凝土	体积	同上	2.592	m^3
	清单	011702021	普通模板	模板面积	[栏板中心线长度×栏板高度×内外侧+两侧栏板中心线长度×栏板高度×内外侧]×阳台个数	51.84	m^2
	定额	子目2	普通模板	模板面积	同上	51.84	m^2

二、雨篷的工程量计算

（一）布置任务

1.根据图纸对首层雨篷进行列项（雨篷要计算的工程量包括雨篷板、雨篷栏板、雨篷屋面及雨篷装修；要求细化到工程量级别，即列出的分项能在清单中找出相应的编码，比如雨篷的清单项以及模板清单项等）

2.总结雨篷的各种清单、定额工程量计算规则

3.计算首层所有雨篷的清单、定额工程量

（二）内容讲解

1.雨篷板的混凝土清单工程量计算规则

按设计图示尺寸以墙外部分体积计算。包括伸出墙外的牛腿和雨篷反挑檐的体积。现浇雨篷与板（包括屋面板、楼板）连接时，以外墙外边线为分界线；与圈梁（包括其他梁）连接时，以梁外边线为分界线。外边线以外为雨篷。

2.雨篷板的模板清单工程量计算规则

与阳台板相同。

3.雨篷屋面保温、栏板、栏板外装修、雨篷板底装修的清单工程量计算规则

雨篷屋面保温的工程量计算规则同屋面层保温，雨篷栏板的工程量计算规则同阳台栏板，栏板外装修的清单工程量计算规则同外墙面装修，雨篷板底装修的清单工程量计算规则同天棚抹灰。

4.雨篷屋面的泄水管工程量计算规则

按设计图示数量计算。

5.雨篷以上构件的定额工程量计算规则

与清单规则相同。

（三）完成任务

首层雨篷的工程量计算表见表2-10。

表2-10　雨篷及防水工程量计算表（参考建施-05、结施-12）

构件名称	算量类别	清单编码	项目特征	算量名称	计算公式	工程量	单位
雨篷	清单	010505008	C30钢筋混凝土	雨篷平板体积	（雨篷净长）×雨篷净宽×雨篷板厚×数量	0.676	m^3
	定额	子目1	C30钢筋混凝土	雨篷平板体积	同上	0.676	m^3
	清单	011702023	普通模板	雨篷模板面积	雨篷净长×雨篷净宽×数量	6.76	m^2
	定额	子目1	普通模板	雨篷模板面积	同上	6.76	m^2
雨篷栏板	清单	010505008	C30钢筋混凝土	栏板体积	［雨篷栏板中心线长度］×雨篷栏板高×雨篷栏板厚×数量	0.2	m^3

续表

构件名称	算量类别	清单编码	项目特征	算量名称	计算公式	工程量	单位
雨篷栏板	定额	子目1	C30钢筋混凝土	栏板体积	同上	0.2	m³
	清单	011702023	普通模板	栏板模板面积	[栏板中心线长度]×栏板高×2面模板×数量	4	m²
	定额	子目1	普通模板	栏板模板面积	同上	4	m²
雨篷屋面	清单	011001001	保温隔热屋面	保温隔热屋面	（雨篷屋面净长×雨篷屋面净宽）×数量	5.76	m²
	定额	子目1	SBS防水层（3mm+3mm）	屋面防水	[（雨篷屋面净长）×（雨篷屋面净宽）+（雨篷屋面三面内周长）×三面防水上翻高度+屋面净长度×靠墙上翻高度]×数量	8.88	m²
			20厚1∶3砂浆找平	屋面找平	同清单保温隔热屋面面积	8.88	m²
			水泥珍珠岩找2%坡，最薄处30厚	屋面找坡	（雨篷屋面净长）×（雨篷屋面净宽）×平均厚度×数量	0.242	m³
			50厚聚苯乙烯泡沫塑料板	保温层	（雨篷屋面净长）×（雨篷屋面净宽）×保温层平均厚度×数量	0.288	m³
			20厚1∶3砂浆找平	找平层	（雨篷屋面净长）×（雨篷屋面净宽）×数量	5.76	m²
雨篷底部	清单	011201002	涂料天棚	墙面装饰抹灰	雨篷长度×雨篷宽度×数量	6.76	m²
	定额	子目1	1∶3水泥砂浆找平	外墙抹灰	同上	6.76	m²
			喷（刷）涂料墙面	外墙涂料	同上	6.76	m²
栏板外装修	清单	011201002	涂料天棚	墙面装饰抹灰	[（雨篷三面周长）×（雨篷板厚+栏板高）]×数量	3.12	m²
	定额	子目1	1∶3水泥砂浆找平	外墙抹灰	同上	3.12	m²
			喷（刷）涂料墙面	外墙涂料	同上	3.12	m²
泄水管	清单	010902006	材质：PVC	雨篷泄水管	按设计图纸数量计算	2	个
	定额	子目1	材质：PVC	雨篷泄水管	同上	2	个

【温馨提示】

（1）在计算雨篷工程量时应当结合建筑施工图和结构施工图来看尺寸；

（2）在楼梯、阳台、雨篷、飘窗等小型构件中，其装修部分的工程量可以一块计算，其余的大面积装修的工程量单独放在后面内外装修中列项计算。

三、飘窗的工程量计算

（一）布置任务

1.根据图纸对首层飘窗进行列项（飘窗要计算的工程包括飘窗顶板、飘窗底板、飘窗及其防水和装修；要求细化到工程量级别，即列出的分项能在清单中找出相应的编码，比如飘窗的清单项以及模板清单项等）

2.总结飘窗的各种清单、定额工程量计算规则

3.计算首层所有飘窗的清单、定额工程量

（二）内容讲解

1.飘窗顶板、底板混凝土的清单工程量计算规则

同阳台板。

2.飘窗顶板、底板模板的清单工程量计算规则

飘窗顶板、底板模板面积为包括底模和侧模两部分。

3.飘窗顶板、底板的装修清单工程量计算规则

同天棚抹灰、屋面及墙面。

4.飘窗以上构件的定额工程量计算规则

同清单计算规则。

（三）完成任务

首层飘窗的工程量计算表见表2-11。

表2-11 首层飘窗工程量计算（参考建施-04、结施工-07、建施-12）

构件名称	算量类别	清单编码	项目特征	算量名称	计算公式	工程量	单位
飘窗顶板100	清单	010505010	C30钢筋混凝土	体积	（飘窗顶板净长×飘窗顶板净宽×厚度）×数量	0.672	m^3
	定额	子目1	C30钢筋混凝土	体积	同上	0.672	m^3
	清单	子目1	普通模板	模板面积	侧模=（飘窗顶板三面周长）×板厚×数量	1.6	（8.32）m^2
					底模=（飘窗顶板长×飘窗顶板宽）×数量	6.72	
	定额	子目1	普通模板	模板面积	同清单汇总	8.32	m^2
飘窗底板100	清单	010505010	C30钢筋混凝土	体积	（飘窗底板净长×飘窗底板净宽×厚度）×数量	0.672	m^3
	定额	子目1	C30钢筋混凝土	体积	同上	0.672	m^3
	清单	011702020	普通模板	模板面积	侧模=（飘窗底板三面周长）×板厚×数量	1.6	（8.32）m^2
					底模=（飘窗底板长×飘窗顶板宽）×数量	6.72	
	定额	子目1	普通模板	模板面积	同清单汇总	8.32	m^2

续表

构件名称	算量类别	清单编码	项目特征	算量名称	计算公式	工程量	单位
飘窗底板装修	清单	011201002	涂料天棚	墙面装饰抹灰	[飘窗底板底面积+（飘窗底板三面周长）×板厚+（100宽板带三面中心线长度）×0.1m宽]×数量	9.84	m²
	定额	子目1	1∶3水泥砂浆找平	外墙抹灰	同上	9.84	m²
		子目2	喷（刷）涂料墙面	外墙涂料	同上	9.84	m²
	清单	011001003	保温隔热天棚	保温隔热墙面	同上	9.84	m²
	定额	子目1	50厚聚苯乙烯泡沫塑料板	保温	同上	9.84	m²
飘窗顶板装修	清单	010902003	刚性屋面	屋面刚性层防水	[飘窗顶板顶面积+（飘窗顶板三面周长）×板厚+（100宽板带三面中心线长度）×0.1m宽]×数量	9.84	m²
	定额	子目1	防水砂浆	屋面防水	同上	9.84	m²
	清单	011201002	涂料墙面	墙面装饰抹灰	[（飘窗顶板三面周长）×板厚+（100宽板带中心线长度）×0.1m]×数量	3.12	m²
	定额	子目1	喷（刷）涂料墙面	外墙涂料	同上	3.12	m²
	清单	011001003	保温隔热墙面	保温隔热墙面	同底板	9.84	m²
	定额	子目1	50厚聚苯乙烯泡沫塑料板	保温	同上	9.84	m²

四、台阶的工程量计算

（一）布置任务

1.根据图纸对首层台阶进行列项（要求细化到工程量级别，即列出的分项能在清单中找出相应的编码，比如台阶的清单项及模板清单项等）

2.总结台阶的各种清单、定额工程量计算规则

3.计算首层所有台阶的清单、定额工程量

（二）内容讲解

1.台阶的混凝土清单工程量计算规则

① 以平方米计量，按设计图示尺寸水平投影面积计算；

② 以立方米计量，按设计图示尺寸以体积计算。

2. 台阶模板的清单工程量计算规则

混凝土台阶不包括梯带，按图示台阶尺寸的水平投影面积计算，台阶端头两侧不另计算模板面积。

3. 台阶的定额工程量计算规则

台阶按水平投影面积计算，定额中不包括垫层及面层，应分别按相应定额执行。当台阶与平台连接时，其分界线应以最上层踏步外沿加300mm计算。平台按相应地面定额计算。

（三）完成任务

首层台阶的工程量计算见表2-12。

表2-12　台阶工程量计算表（参考建施-04、建施-13）

构件名称	算量类别	清单编码	项目特征	算量名称	计算公式	工程量	单位
台阶	清单	010507004	混凝土台阶	台阶水平投影面积	[（台阶宽）×（台阶长）]×数量	9	m^2
	定额	子目1	1∶2水泥砂浆面层	台阶水平投影面积	同上	9	m^2
		子目2	C15现浇混凝土	台阶水平投影面积	同上	9	m^2
		子目3	台阶模板	台阶水平投影面积	同上	9	m^2
		子目3	台阶打夯	外放300面积	[（台阶宽+0.3）×（台阶宽+0.3×2）]×数量	12.96	m^2
	清单	011702027	普通模板	台阶水平投影面积	[（台阶宽）×（台阶长）]×数量	9	m^2
	定额	子目1	台阶模板	台阶水平投影面积	同上	9	m^2

【温馨提示】

台阶的定额子目应按其制作过程及工作内容分别列项。

五、散水的工程量计算

（一）布置任务

1. 根据图纸对首层散水进行列项（要求细化到工程量级别，即列出的分项能在清单中找出相应的编码，比如散水的清单项以及模板清单项等）
2. 总结散水的各种清单、定额工程量计算规则
3. 计算首层所有散水的清单、定额工程量

（二）内容讲解

1. 散水混凝土的清单工程量计算规则

散水的工作内容包括：地基夯实；铺设垫层；模板及支架（撑）制作、安装、拆除、堆放、运输及清理模内杂物、刷隔离剂等；混凝土制作、运输、浇筑、振捣、养护；变形缝填塞。如果模板单独列项，则散水混凝土清单工程量按设计图示尺寸以水平投影面积计算。不扣除单个≤0.3m^2的孔洞所占面积。

2. 散水模板的清单工程量计算规则

按模板与散水的接触面积计算。

3. 散水的定额工程量计算规则

散水定额工程量包括垫层、面层、打夯机打夯和伸缩缝，应分别按相应定额执行，垫层按散水面积乘以厚度以体积计算，面层同清单工程量计算规则，打夯机打夯按设计规定的强夯面积，区分夯击能力、夯点间距、夯击遍数以平方米计算，散水伸缩缝按不同材料以延长米计算。模板工程量计算规则同清单工程量模板计算规则。

（三）完成任务

首层散水的工程量计算表见表2-13。

表2-13 散水工程量计算表（参考建施-04、建施-11）

构件名称	算量类别	清单编码	项目特征	算量名称	计算公式	工程量	单位
散水	清单	010507001	C15混凝土垫层，面层一次抹光	散水面层面积	（外墙中心线长度-7、8轴中心线长度+伸缩缝宽×2+8×外墙中心线到散水中心线距离-台阶宽度×2个台阶）×散水宽度	69.6	m^2
	定额	子目1	散水面层一次抹光	散水面层面积	同上	69.6	m^2
		子目2	C15混凝土垫层	散水混凝土体积	散水面积×散水厚度	4.176	m^3
		子目3	打夯机打夯	散水打夯面积	（外墙中心线长度-7、8轴中心线长度+伸缩缝宽×2+8×外墙中心线到散水打夯中心线的距离-台阶宽度×2个台阶）×打夯宽度	92.04	m^2
		子目4	沥青砂浆	伸缩缝长度	一个斜角伸缩缝长度×12个角+与台阶相邻伸缩缝长度×4条+一个隔断伸缩缝长度×5条	25.968	m
	清单	011702029	普通模板	散水外围模板面积	（外墙中心线长度-7、8轴中心线长度+伸缩缝宽×2+8×外墙中心线到散水外边的距离-台阶宽度×2个台阶）×散水厚度	4.416	m^2
	定额	子目1	散水模板	散水水平投影面积	同上	4.416	m^2

散水的斜角伸缩缝个数从建施-04图上数个数，台阶两边各一个，剩下的就是每隔6m一根。

第五节　室内装修工程量计算

室内装修分房间来计算，从建施-04可以看出，首层房间有楼梯间、卫生间、厨房、过道、客厅、卧室，下面分别计算。

一、首层楼梯间室内装修工程量计算

（一）布置任务

1.根据图纸对首层楼梯间进行列项（楼梯间的装修部分分为楼梯间平台位置和楼梯间楼梯位置；要求细化到工程量级别，即列出的分项能在清单中找出相应的编码，比如楼梯间平台装修的清单项以及模板清单项等）

2.总结楼梯间平台和楼梯位置装修的各种清单、定额工程量计算规则

3.计算首层楼梯间平台位置和楼梯位置装修的清单、定额工程量

（二）内容讲解

1.块料楼地面的清单工程量计算规则

按设计图示尺寸以面积计算。门洞、空圈、暖气包槽、壁龛的开口部分并入相应的工程量内。

2.块料踢脚线的清单工程量计算规则

① 以平方米计量，按设计图示长度乘高度以面积计算；

② 以米计量，按延长米计算（本工程采用延长米计算方法）。

3.涂料墙面的清单工程量计算规则

按设计图示尺寸以面积计算。扣除墙裙、门窗洞口及单个＞$0.3m^2$的孔洞面积，不扣除踢脚线、挂镜线和墙与构件交接处的面积，门窗洞口和孔洞的侧壁及顶面不增加面积。附墙柱、梁、垛、烟囱侧壁并入相应的墙面面积内。

① 外墙抹灰面积按外墙垂直投影面积计算。

② 外墙裙抹灰面积按其长度乘以高度计算。

③ 内墙抹灰面积按主墙间的净长乘以高度计算：

无墙裙的，高度按室内楼地面至天棚底面计算；

有墙裙的，高度按墙裙顶至天棚底面计算；

有吊顶天棚抹灰，高度算至天棚底。

④ 内墙裙抹灰面按内墙净长乘以高度计算。

4.涂料天棚的清单工程量计算规则

按设计图示尺寸以水平投影面积计算。不扣除间壁墙、垛、柱、附墙烟囱、检查口和管道所占的面积，带梁天棚的梁两侧抹灰面积并入天棚面积内，板式楼梯底面抹灰按斜面积计

算，锯齿形楼梯底板抹灰按展开面积计算。

5.块料楼地面、块料踢脚、涂料墙面、涂料天棚等定额工程量计算规则

块料楼地面、块料踢脚、涂料天棚的定额工程量计算规则同清单规则，涂料墙面的定额工程量计算规则为按实涂面积计算。

（三）完成任务

首层楼梯间平台位置装修的工程量计算表见表2-14。

表2-14 首层楼梯间平台位置装修工程量计算表（参考建施-02、建施-04、建施-13）

构件名称	算量类别	清单编码	项目特征	算量名称	计算公式	工程量	单位
楼梯间楼层平台处	清单	011102003	地砖楼面	块料地面积	[（楼层平台净宽）×（楼层平台净长）+（门开口面积×2个门）]×数量	6.688	m^2
	定额	子目1	地砖楼面	块料地面积	同上	6.688	m^2
	清单	011105003	地砖踢脚	踢脚长度	[（平台净宽－门宽+门侧壁×2）×数量+（平台净长）]×数量	7.32	m
	定额	子目1	地砖踢脚	踢脚长度	同上	7.32	m
	清单	011201002	涂料墙面	墙面抹灰面积	{[（房间净周长）×（墙高－板厚）]－门所占面积×数量}×数量	19.764	m^2
	定额	子目1	9厚1∶3水泥砂浆打底扫毛	墙面抹灰面积	同上	19.764	m^2
		子目2	喷水性耐擦洗涂料	墙面块料面积	[（房间净周长）×（墙高－板厚－踢脚高度）－门所占面积+门侧壁面积]×数量	21.072	m^2
	清单	011301001	喷涂顶棚	天棚抹灰面积	（房间净宽）×（房间净长）×数量	6.328	m^2
	定额	子目1	耐水腻子两遍	天棚抹灰面积	同上	6.328	m^2
		子目2	白色耐擦洗涂料	天棚抹灰面积	同上	6.238	m^2

首层楼梯间楼梯位置装修工程量计算表见表2-15。

表2-15 首层楼梯间楼梯位置装修工程量计算表（参考建施-02、建施-04、建施-13）

构件名称	算量类别	清单编码	项目特征	算量名称	计算公式	工程量	单位
楼梯间楼梯位置	清单	011201002	涂料墙面	墙面抹灰面积	[（楼梯间净周长）×墙高－（门所占面积）－（窗所占面积）]×数量	53.344	m^2
	定额	子目1	9厚1∶3水泥砂浆打底扫毛	墙面抹灰面积	同上	53.344	m^2
		子目2	喷水性耐擦洗涂料	墙面块料面积	[楼梯间净周长]×墙高－（门所占面积）－（窗所占面积）+门侧壁面积+窗侧壁面积	54.584	m^2

二、首层卫生间装修工程量计算

（一）布置任务

1. 根据图纸对首层卫生间进行列项（要求细化到工程量级别，即列出的分项能在清单中找出相应的编码，比如卫生间地面、墙面及天棚装修的清单项等）
2. 总结首层卫生间装修的各种清单、定额工程量计算规则
3. 计算首层卫生间装修的清单、定额工程量

（二）内容讲解

1. 楼地面、踢脚线、墙面抹灰的清单工程量计算规则

同楼梯间相应构件的清单规则。

2. 天棚吊顶的清单工程量计算规则

计量规范中吊顶天棚的工作内容包括：基层清理、吊杆安装、龙骨安装、基层板铺贴、面层铺贴、嵌缝、刷防护材料。

其工程量按设计图示尺寸以水平投影面积计算。天棚面中的灯槽及跌级、锯齿形、吊挂式、藻井式天棚面积不展开计算。不扣除间壁墙、检查口、附墙烟囱、柱垛和管道所占面积，扣除单个＞$0.3m^2$的孔洞、独立柱及与天棚相连的窗帘盒所占的面积。

3. 以上构件的计价工程量计算规则

同清单规则。

（三）完成任务

首层卫生间装修的工程量计算表见表2-16。

表2-16 首层卫生间房间装修工程量计算表（参考建施-01、建施-02、建施-04）

构件名称	算量类别	清单编码	项目特征	算量名称	位置	计算公式	工程量	单位
楼面2	清单	011102003	防滑地砖楼面	块料地面积		[（房间净宽）×（房间净长）+门开口面积]×数量	13.28	m^2
	定额	子目1	防滑地砖楼面	块料地面积		同上	13.28	m^2
		子目2	1.5厚聚氨酯防水	块料地面积		同上	13.28	m^2
		子目3	20厚1∶3水泥砂浆找平	块料地面积		同上	13.28	m^2
内墙面2	清单	011204003	瓷砖墙面	墙面块料面积	4/C-D	（房间净长×吊顶高度）×数量	16	（67.28）m^2
					M0821处	[房间净长×吊顶高度-门洞口面积+门侧壁面积]×数量	10.28	
					C轴线	（房间净长×吊顶高度）×数量	20.5	
					D轴线	（房间净长×吊顶高度）×数量	20.5	
	定额	子目1	6厚1∶2.5水泥砂浆抹平	墙面抹灰面积	4/C-D	[房间净长×（吊顶高度+0.2）]×数量	17.28	（72.12）m^2
					M0821处	[房间净长×（吊顶高度+0.2）-门洞口面积]×数量	10.56	
					C轴线	[房间净长×（吊顶高度+0.2）]×数量	22.14	
					D轴线	[房间净长×（吊顶高度+0.2）]×数量	22.14	
		子目2	1.5厚聚氨酯防水	墙面抹灰面积		同卫生间抹灰墙面合计	72.12	m^2
		子目3	5厚釉面砖面层	墙面块料面积	所有内墙面	同清单合计	67.28	m^2
吊顶1	清单	011302001	铝合金条板吊顶	吊顶面积		[（房间净长）×（房间净宽）]×数量	13.12	m^2
	定额	子目1	0.8～1.0厚铝合金条板	吊顶面积		同上	13.12	m^2
		子目2	U形轻钢龙骨	吊顶面积		同上	13.12	m^2

计算吊顶工程量时，定额工程量里有龙骨的工程量，而在清单计算规则的工作内容中已经包括该项工作内容，则只需列一项即可。

三、首层厨房装修工程量计算

（一）布置任务

1. 根据图纸对首层厨房装修进行列项（要求细化到工程量级别，即列出的分项能在清单中找出相应的编码，比如厨房地面，墙面以及天棚装修的清单项等）

2. 总结首层厨房装修的各种清单、定额工程量计算规则

3. 计算首层厨房装修的清单、定额工程量

（二）内容讲解

各构件的清单工程量计算规则与定额工程量计算规则同前面的相应构件。

（三）完成任务

首层厨房装修的工程量计算见表2-17。

表2–17　首层厨房房间装修工程量计算表（参考建施–01、建施–02、建施–04）

构件名称	算量类别	清单编码	项目特征	算量名称	位置	计算公式	工程量	单位
楼面3	清单	01120400	地砖楼面	块料地面积	厨房处	[（房间净长×房间净宽）+门开口面积]×数量	21.64	m^2
	定额	子目1	10厚地砖楼面	块料地面积	厨房处	同上	21.64	m^2
	清单	010501001	40厚陶粒混凝土垫层	垫层体积	厨房处	[（房间净长×房间净宽）×厚度]×数量	0.851	m^3
	定额	子目1	40厚陶粒混凝土垫层	垫层体积	厨房处	同上	0.851	m^3
内墙面3	清单	011204003	瓷砖墙面	墙面块料面积	1/B-C	房间净长×吊顶高度×数量	28	（83.44）m^2
					2/B-C	房间净长×吊顶高度×数量	28	
					B/1-2	（房间净长×吊顶高度–窗洞洞口面积+窗侧壁面积）×数量	13.96	
					C/1-2	（房间净长×吊顶高度–门洞口面积+门侧壁面积）×数量	13.48	

续表

构件名称	算量类别	清单编码	项目特征	算量名称	位置	计算公式	工程量	单位
内墙面3	定额	子目1	6厚1∶2.5水泥砂浆抹平	墙面抹灰面积	1/B-C	［房间净长×（吊顶高度+0.2）］×数量	30.24	（86.76）m²
					2/B-C	［房间净长×（吊顶高度+0.2）］×数量	30.24	
					B/1-2	［房间净长×（吊顶高度+0.2）－窗洞口面积］×数量	13.32	
					C/1-2	［房间净长×（吊顶高度+0.2）－窗洞口面积］×数量	12.96	
		子目2	5厚釉面砖面层	墙面块料面积	所有墙	同清单合计	83.44	m²
吊顶1	清单	011302001	铝合金条板吊顶	吊顶面积		（房间净长×房间净宽）×数量	21.28	m²
	定额	子目1	0.8～1.0铝合金条板	吊顶面积		同上	21.28	m²
		子目2	U形轻钢龙骨	吊顶面积		同上		

四、首层过道装修工程量计算

（一）布置任务

1. 根据图纸对首层过道装修进行列项（要求细化到工程量级别，即列出的分项能在清单中找出相应的编码，比如过道地面，墙面以及天棚装修的清单项等）
2. 总结首层过道装修的各种清单、定额工程量计算规则
3. 计算首层过道装修的清单、定额工程量

（二）内容讲解

各构件的清单工程量计算规则与定额工程量计算规则同前面的相应构件。

(三)完成任务

首层过道装修的工程量计算表见表2-18。

表2-18 首层过道房间装修工程量计算表(参考建施-01、建施-02、建施-04)

构件名称	算量类别	清单编码	项目特征	算量名称	位置	计算公式	工程量	单位
楼面4	清单	01120400	花岗石楼面	块料地面积	过道处	[(房间净长×房间净宽+M1523开口面积+M0921开口面积×2)+M0821开口面积]×数量	22.92	m²
	定额	子目1	花岗石楼面	块料地面积	过道处	同上	22.92	m²
	清单	010501001	40厚陶粒混凝土垫层	垫层体积	过道处	(房间净长×房间净宽)×厚度×数量	0.858	m³
	定额	子目1	40厚陶粒混凝土垫层	垫层体积	过道处	同上	0.858	m³
踢脚2	清单	011105003	地砖踢脚	踢脚长度	1/C-D	房间净长×数量	6.4	(26.4)m
					D/M1523处	(房间净长-门宽+门侧壁×2)×数量	8.2	
					C/M0921处	(房间净长-门×2+门侧壁×2)×数量	7.8	
					M0821处	(房间净长-门+门侧壁×2)×数量	4	
	定额	子目1	5～10厚地砖踢脚	踢脚长度	过道处	同清单合计	26.4	m
内墙面1	清单	011201002	涂料墙面	墙面抹灰面积	1/C-D	房间净长×(层高-板厚)×数量	17.152	(70.488)m²
					D/M1523处	[房间净长×(层高-板厚)-门洞口面积]×数量	22.112	
					C/M0921处	[(房间净长)×(层高-板厚)-门洞口面积]×数量	20.792	
					M0821处	[房间净长×(层高-板厚)-门洞口面积]×数量	10.432	

续表

构件名称	算量类别	清单编码	项目特征	算量名称	位置	计算公式	工程量	单位
内墙面1	定额	子目1	9厚1∶3水泥砂浆打底扫毛	墙面抹灰面积	1/C-D	同清单汇总	70.488	m^2
		子目2	喷水性耐擦洗涂料	墙面块料面积	1/C-D	[(房间净长)×(层高－板厚－踢脚高度)]×数量	16.512	(75.408) m^2
					D/M1523处	[(房间净长)×(层高－板厚－踢脚高度)－(门洞口面积)+(门侧壁面积)]×数量	23.732	
					C/M0921处	[(房间净长)×(层高－板厚－踢脚高度)×2个－(门洞口面积)+(门侧壁面积)]×数量	24.092	
					M0821处	[房间净长×(层高－板厚－踢脚高度)－(门洞口面积)+门侧壁面积]×数量	11.072	
顶棚	清单	011301001	涂料顶棚	天棚抹灰面积		(房间净长×房间净宽+)×数量	21.44	m^2
	定额	子目1	刮耐水腻子	天棚抹灰面积		同上	21.44	m^2
		子目2	刷耐擦洗涂料	天棚抹灰面积		同上	21.44	m^2

五、首层客厅装修工程量计算

（一）布置任务

1. 根据图纸对首层客厅装修进行列项（要求细化到工程量级别，即列出的分项能在清单中找出相应的编码，比如客厅地面、墙面以及天棚装修的清单项等）
2. 总结首层客厅装修的各种清单、定额工程量计算规则
3. 计算首层客厅装修的清单、定额工程量

（二）内容讲解

各构件的清单工程量计算规则与定额工程量计算规则同前面的相应构件。

（三）完成任务

首层客厅房间装修工程量计算表见表2-19。

表2-19 首层客厅房间装修工程量计算表（参考建施-01、建施-02、建施-04）

构件名称	算量类别	清单编码	项目特征	算量名称	位置	计算公式	工程量	单位
楼面5	清单	011102001	花岗石楼面	块料地面积	客厅处	[（房间净长）×（房间净宽）+（M1523开口面积+M0921开口面积+TLM2521开口面积）]×数量	80.36	m^2
	定额	子目1	花岗石楼面	块料地面积	客厅处	同上	80.36	m^2
	清单	010501001	40厚陶粒混凝土垫层	垫层体积	客厅处	（房间净长×房间净宽×厚度）×数量	3.136	m^3
	定额	子目1	40厚陶粒混凝土垫层	垫层体积	客厅处	同上	3.136	m^3
踢脚3	清单	011105002	花岗石踢脚	踢脚长度	E/1-3	（房间净长-门宽+门侧壁）×数量	6.8	（54）m
					D/1-3	（房间净长-门宽+门侧壁）×数量	10.8	
					1/D-E	房间净长×数量	19.6	
					3/D-E	（房间净长-门宽+门侧壁）×数量	16.8	
	定额	子目1	花岗石踢脚	踢脚长度	客厅处	同上	54	m
内墙面1	清单	011201002			E/1-3	[房间净长×（层高-板厚）-门洞口面积]×数量	21.88	（148.456）m^2
					D/1-3	[房间净长×（层高-板厚）-门洞口面积]×数量	29.08	
					1/D-E	[房间净长×（层高-板厚）]×数量	52.528	
					3/D-E	[房间净长×（层高-板厚）-门洞口面积]×数量	44.968	

续表

构件名称	算量类别	清单编码	项目特征	算量名称	位置	计算公式	工程量	单位
内墙面1	定额	子目1	9厚1∶3水泥砂浆打底扫毛	墙面抹灰面积		同清单汇总	148.456	m^2
		子目2	喷水性耐擦洗涂料	墙面块料面积	E/1-3	[房间净长×(层高－板厚－踢脚高度)－门宽×(门高度－踢脚高度)+门侧壁面积]×数量	23.88	(150.216) m^2
					D/1-3	[房间净长×(层高－板厚－踢脚高度)－门宽×(门高度－踢脚高度)+门侧壁面积]×数量	30.44	
					1/D-E	[房间净长×(层高－板厚－踢脚高度)]×数量	50.568	
					3/D-E	[房间净长×(层高－板厚－踢脚高度)－门宽度×(门高度－踢脚高度)+门侧壁面积]×数量	45.328	
顶棚	清单	011301001	涂料顶棚	天棚抹灰面积		房间净长×房间净宽×数量	78.4	m^2
	定额	子目1	耐水腻子两遍	天棚抹灰面积	客厅处	同上	78.4	m^2
		子目2	耐擦洗涂料	天棚抹灰面积		同上	78.4	m^2

六、首层卧室装修工程量计算

（一）布置任务

1. 根据图纸对首层卧室装修进行列项（要求细化到工程量级别，即列出的分项能在清单中找出相应的编码，比如卧室地面，墙面以及天棚装修的清单项等）
2. 总结首层卧室装修的各种清单、定额工程量计算规则
3. 计算首层卧室装修的清单、定额工程量

（二）内容讲解

各构件的清单工程量计算规则与定额工程量计算规则同前面的相应构件。

（三）完成任务

首层卧室装修的工程量计算表见表2-20。

表2-20 首层卧室装修工程量计算表（参考建施-01、建施-02、建施-04）

构件名称	算量类别	清单编码	项目特征	算量名称	位置	计算公式	工程量	单位
楼面4	清单	011102003	花岗石楼面	块料地面积	卧室处	[房间净长×房间净宽+M0921开口面积]×数量	54.76	m^2
	定额	子目1	地砖楼面	块料地面积	卧室处	同上	54.76	m^2
	清单	010501001	40厚陶粒混凝土垫层	垫层体积	卧室处	地面面积×厚度×数量	2.176	m^3
	定额	子目1	40厚陶粒混凝土垫层	垫层体积	卧室处	同上	2.176	m^3
踢脚2	清单	011105003	地砖踢脚	踢脚长度	A/2-4	房间净长×数量	13.6	（56.4）m
					C/2-4	（房间净长-门宽+门侧壁）×数量	10.8	
					2/A-C	房间净长	16	
					4/A-C	房间净长×数量	16	
	定额	子目1	地砖踢脚	踢脚长度		同清单汇总	56.4	m
内墙面1	清单	011201002	涂料墙面	墙面抹灰面积	A/2-4	[房间净长×（层高-板厚）-窗洞口面积]×数量	21.448	（136.096）m^2
					C/2-4	[房间净长×（层高-板厚）-窗洞口面积]×数量	28.888	
					2/A-C	房间净长×（层高-板厚）×数量	42.88	
					4/A-C	房间净长×（层高-板厚）×数量	42.88	
	定额	子目1	9厚1∶3水泥砂浆打底扫毛	墙面抹灰面积		同清单汇总	136.096	m^2

续表

构件名称	算量类别	清单编码	项目特征	算量名称	位置	计算公式	工程量	单位
内墙面1	定额	子目2	喷水性耐擦洗涂料	墙面块料面积	A/2-4	[房间净长×（层高－板厚－踢脚高度）－窗洞口面积+窗侧壁面积]×数量	24.488	（136.896）m^2
					C/2-4	[房间净长×（层高－板厚－踢脚高度）－门宽度×（门高度－踢脚高度）+门侧壁面积]×数量	29.848	
					2/A-C	[房间净长×（层高－板厚－踢脚高度）]×数量	41.28	
					4/A-C	[房间净长×（层高－板厚－踢脚高度）]×数量	41.28	
顶棚1	清单	011301001	涂料顶棚	天棚抹灰面积		房间净长×房间净宽×数量	54.4	m^2
	定额	子目1	耐水腻子两遍	天棚抹灰面积	卧室处	同上	54.4	m^2
		子目2	耐擦洗涂料	天棚抹灰面积		同上	54.4	m^2

七、首层阳台装修工程量计算

（一）布置任务

1. 根据图纸对首层阳台装修进行列项（要求细化到工程量级别，即列出的分项能在清单中找出相应的编码，比如阳台地面、墙面以及天棚装修的清单项等）
2. 总结首层阳台装修的各种清单、定额工程量计算规则
3. 计算首层阳台装修的清单、定额工程量

（二）内容讲解

各构件的清单工程量计算规则与定额工程量计算规则同前面的相应构件。

（三）完成任务

首层阳台室内装修的工程量计算表见表2-21。

表2-21　首层阳台室内装修工程量计算表（参考建施-01、建施-02、建施-04）

构件名称	算量类别	清单编码	项目特征	算量名称	位置	计算公式	工程量	单位
楼面4	清单	011102001	花岗石楼面	块料地面积	阳台处	（阳台净长×阳台净宽+门开口面积）×数量	24.52	m^2
	定额	子目1	花岗石楼面	块料地面积	阳台处	同上	24.52	m^2
	清单	010501001	40厚陶粒混凝土垫层	垫层体积	阳台处	阳台净长×阳台净宽×厚度×数量	0.9408	m^3
	定额	子目1	40厚陶粒混凝土垫层	垫层体积	阳台处	同上	0.9408	m^3
踢脚3	清单	011105002	花岗石踢脚	踢脚长度	1轴线	阳台净宽×数量	5.6	（35.6）m
					3轴线	阳台净宽×数量	5.6	
					1-3轴线	阳台净长×数量	16.8	
					E/1-3	（阳台净长－门宽+门侧壁）×数量	7.6	
	定额	子目1	花岗石踢脚	踢脚长度		同清单汇总	35.6	m
内墙面1	清单	011201002	涂料墙面	墙面抹灰面积	1轴线	（阳台净宽）×阳台栏板高度×数量	5.04	（50.292）m^2
					3轴线	（阳台净宽）×阳台栏板高度×数量	5.04	
					1-3轴线	阳台净长×阳台栏板高度×数量	15.12	
					E/1-3	[阳台净长×（层高－板厚）－门洞口面积+阳台窗高×阳台栏板与墙相交面积]×数量	25.092	
	定额	子目1	9厚1∶3水泥砂浆扫毛	墙面抹灰面积		同清单汇总	50.292	m^2

续表

构件名称	算量类别	清单编码	项目特征	算量名称	位置	计算公式	工程量	单位
内墙面1	定额	子目2	喷水性耐擦洗涂料	墙面块料面积	1轴线	[阳台净宽×（阳台栏板高度−踢脚高度）]×数量	4.48	（49.412）m²
					3轴线	[阳台净宽×（阳台栏板高度−踢脚高度）]×数量	4.48	
					1-3轴线	阳台净长×（阳台栏板高度−踢脚高度）×数量	13.44	
					E/1-3	[阳台净长×（层高−板厚度−踢脚高度）−（门高−踢脚高度）×门宽+门侧壁面积+阳台窗高×（左栏板厚度+右栏板厚的一半）]×数量	27.012	
顶棚	清单	011301001	涂料顶棚	天棚抹灰面积	阳台处	阳台板净长（到窗中心线）×阳台板净宽（到窗中心线）×数量	24.94	m²
	定额	子目1	刮耐水腻子	天棚抹灰面积		同上	24.94	m²
		子目2	耐擦洗涂料	天棚抹灰面积		同上	24.94	m²

【温馨提示】

阳台内墙面是涂料墙面，在计算时不用扣除踢脚的高度；在计算涂料墙面时应当注意要计算门侧壁面积（除了地面的部分）；右栏板只计算其一半的板厚，另一半计算外墙。

第六节 室外装修工程量计算

一、首层室外装修工程量计算

（一）布置任务

1. 根据图纸对首层室外装修进行列项（要求细化到工程量级别，即列出的分项能在清单中找出相应的编码，比如室外装修的清单项等）

2. 总结室外装修的各种清单、定额工程量计算规则

3. 计算首层室外装修的清单、定额工程量

（二）内容讲解

1. 外墙面抹灰的清单工程量计算规则

按设计图示尺寸以面积计算。扣除墙裙、门窗洞口及单个＞0.3m^{2}的孔洞面积，不扣除踢脚线、挂镜线和墙与构件交接处的面积，门窗洞口和孔洞的侧壁及顶面不增加面积。附墙柱、梁、垛、烟囱侧壁并入相应的墙面面积内。

（1）外墙抹灰面积按外墙垂直投影面积计算；

（2）外墙裙抹灰面积按其长度乘以高度计算。

2. 外墙面保温的清单工程量计算规则

按设计图示尺寸以面积计算。扣除门窗洞口以及面积＞0.3m^{2}梁、孔洞所占面积；门窗洞口侧壁需做保温时，并入保温墙体工程量内。

3. 阳台底面保温和装修的清单工程量计算规则

同天棚的计算规则。

4. 以上室外装修构件的定额工程量计算规则

（1）外墙面抹灰同清单规则，外墙面涂料同墙面块料面层的计算规则，按实涂表面积计算。

（2）外墙面保温墙体保温区分不同材料按设计图示尺寸以立方米和平方米计算。保温层的长度，外墙按保温层中心线、内墙按保温层净长线计算。应扣除门窗洞口和管道穿墙洞口等所占的工程量，洞口侧壁需做保温时，按设计图示尺寸计算并入保温墙体工程量内。外墙保温（浆料）腰线、门窗套、挑檐等零星项目，按设计图示尺寸展开面积以平方米计算。

（3）阳台底面保温和装修的定额工程量计算规则

同清单计算规则。

（三）完成任务

首层室外装修工程量计算表见表2-22。

表2-22 首层室外装修工程量计算表（参考建施-02、建施-04、建施-09、建施-10、建施-11）

<table>
<tr><th>构件名称</th><th>算量类别</th><th>清单编码</th><th>项目特征</th><th>算量名称</th><th>位置</th><th>计算公式</th><th>工程量</th><th>单位</th></tr>
<tr><td rowspan="6">外墙装饰</td><td rowspan="6">清单</td><td rowspan="6">011202002</td><td rowspan="6">涂料墙面</td><td rowspan="6">墙面抹灰面积</td><td rowspan="2">1/B-E</td><td>外墙墙面长度×［层高+（室内外高差－装修层高度）］×数量</td><td rowspan="2">78.78</td><td rowspan="6">（206.566）
m^2</td></tr>
<tr><td></td></tr>
<tr><td rowspan="2">B/1-2</td><td>［外墙墙面长度×外墙墙面高度－（C1215洞口面积）－（C1206洞口面积）］×数量</td><td rowspan="2">22.68</td></tr>
<tr><td></td></tr>
<tr><td rowspan="2">2/A-B</td><td>外墙墙面长度×外墙墙面高度×数量</td><td rowspan="2">18.72</td></tr>
<tr><td></td></tr>
</table>

续表

构件名称	算量类别	清单编码	项目特征	算量名称	位置	计算公式	工程量	单位
外墙装饰	清单	011202002	涂料墙面	墙面抹灰面积	A/2-6	[外墙墙面长度×外墙墙面高度－D2515洞口面积×数量－C2506洞口面积×数量－与飘窗板相交面积]×数量	34.48	(206.566) m^2
					阳台栏板	[阳台栏板三面周长×(阳台栏板高度＋板厚)]×数量－伸缩缝处栏板处多算装修	27.132	
					E/3-5	外墙宽×外墙高－门M1221所占面积－2.7标高处阳台板头所占面积－雨篷板所占面积－第一步台阶所占面积－第二步台阶所占面积－阳台栏板所占面积－雨篷栏板所占面积－0.1标高处阳台板头所占面积	13.722	
					阳台下	(阳台宽×室外地坪到首层阳台板底－窗洞口面积)×数量	11.052	
	定额	子目1	刮涂柔性耐水腻子	墙面抹灰面积	所有外墙	同清单汇总	206.566	m^2
		子目2	喷(刷)外墙涂料	墙面块料面积	1/B-E	外墙墙面长度×[层高＋(室内外高差－装修层高度)]×数量	78.78	(216.686) m^2
					B/1-2	[外墙墙面长度×外墙墙面高度－(C1215洞口面积)－(C1206洞口面积)＋(C1215洞口侧壁面积)＋(C1206洞口侧壁面积)]×数量	26.28	
					2/A-B	外墙墙面长度×外墙墙面高度×数量	18.72	
					A/2-6	[(外墙墙面长度)×外墙墙面高度－(D2515洞口面积×数量)－(C2506洞口面积×数量)＋(C2506洞口侧壁面积×数量)－(与飘窗板相交面积)]×数量	36.96	
					阳台栏板	[阳台栏板三面周长×(阳台栏板高度＋板厚)]×数量－伸缩缝处栏板多算的装修	27.132	

续表

构件名称	算量类别	清单编码	项目特征	算量名称	位置	计算公式	工程量	单位
					E/3-5	外墙宽×外墙高－门M1221所占面积－2.7标高处阳台板头所占面积－雨篷板所占面积－第一步台阶所占面积－第二步台阶所占面积－阳台栏板所占面积－雨篷栏板所占面积－0.1标高处阳台板头所占面积	15.282	
					阳台下	（阳台宽×室外地坪到首层阳台板底－窗洞口面积）×数量+C2506侧壁	13.532	
外墙保温	清单	011001003	保温墙面	墙面抹灰面积	1/B-E	外墙墙面长度×［层高+（室内外高差－装修层高度）］×数量	78.78	（206.566）m^2
					B/1-2	［外墙墙面长度×外墙墙面高度－（C1215洞口面积）－（C1206洞口面积）］×数量	22.68	
					2/A-B	外墙墙面长度×外墙墙面高度×数量	18.72	
					A/2-6	［外墙墙面长度×外墙墙面高度－D2515洞口面积×数量－C2506洞口面积×数量－与飘窗板相交面积］×数量	34.48	
					阳台栏板	［阳台栏板三面周长×（阳台栏板高度+板厚）］×数量－伸缩缝处栏板处多算装修	27.132	
					E/3-5	外墙宽×外墙高－门M1221所占面积－2.7标高处阳台板头所占面积－雨篷板所占面积－第一步台阶所占面积－第二步台阶所占面积－阳台栏板所占面积－雨篷栏板所占面积－0.1标高处阳台板头所占面积	13.722	
					阳台下	（阳台宽×室外地坪到首层阳台板底－窗洞口面积）×数量	11.052	
	定额	子目1	50厚聚苯颗粒保温	墙面抹灰面积		同清单汇总	206.566	m^2

续表

构件名称	算量类别	清单编码	项目特征	算量名称	位置	计算公式	工程量	单位
首层阳台底面装修	清单	011202002	涂料顶棚	阳台底面积	E/1-3	阳台净长×阳台净宽×数量	26.4	m^2
	定额	子目1	1、喷（刷）外墙涂料 2、刮涂柔性耐水腻子	阳台底面积	E/1-3	同上	26.4	
首层阳台底面保温	清单	011001003	保温顶棚	阳台底面积	E/1-3	阳台长×阳台宽×数量	26.4	m^2
	定额	子目1	50厚聚苯颗粒保温	阳台底面积	E/1-3	同上	26.4	m^2

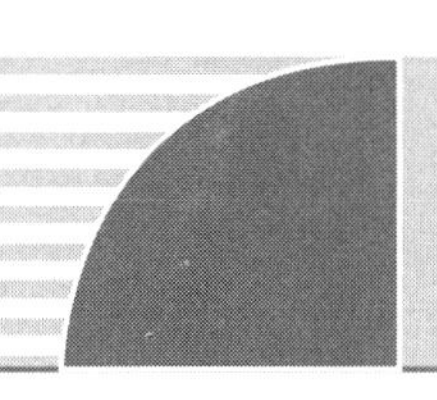

第三章

二～四层工程量手工计算

【能力目标】

掌握二～四层构件清单工程量和其对应的定额工程量计算规则，并根据这些规则手工计算各构件的工程量。

从图纸分析可以看出，二～四层工程量完全一样，我们先列出二层要计算哪些构件的工程量，三、四层与其相同。

由于二～四层工程量完全一样，为了描述方便。以下只计算二层的工程量，三、四层与其完全一样，到计价时候将此工程量乘以3就可以了。

经过进一步分析可知，二层有很多工程量与首层是一样的，见表3-1。

表3-1　二层与首层相同构件统计表

构件名称	是否重新计算
门	重新计算，见表3-2
窗	重新计算，见表3-3
墙洞	与首层相同，见表2-3
剪力墙长度	与首层相同，见表2-4
剪力墙体积模板	重新计算，见表 3-4
板	与首层相同，见表2-6
楼梯	与首层相同，见表2-7
阳台板	与首层相同，见表2-8
阳台栏板	与首层相同，见表2-9
雨篷	无

续表

构件名称	是否重新计算
飘窗	与首层相同，见表 2-11
台阶	无
散水	无
楼梯间楼层平台位置	与首层相同，见表2-14
楼梯间楼梯位置	与首层相同，见表2-15
卫生间	与首层相同，见表2-16
厨房	与首层相同，见表2-17
过道	与首层相同，见表2-18
客厅	与首层相同，见表2-19
卧室	与首层相同，见表2-20
阳台装修	与首层相同，见表2-21
室外装修	重新计算，见表3-5

从表3-1可以看出，二层只需计算门、窗、剪力墙、室外装修，其余工程量与首层相同。即三层与四层也只需计算门、窗、剪力墙、室外装修的工程量。

第一节 二～四层围护结构的工程量计算

一、门的工程量计算

（一）布置任务

1.根据图纸对第二层门进行列项（要求细化到工程量级别，即列出的分项能在清单中找出相应的编码，比如门要列出不同材质的门制安、油漆及门锁等）

2.总结不同种类门的各种清单、定额工程量计算规则

3.计算第二层所有门的清单、定额工程量

4.第三层和第四层为标准层，门的工程量与第二层完全相同

（二）内容讲解

二层门的清单工程量和定额工程量计算规则与首层相同。

（三）完成任务

二层门的工程量计算表见表3-2。

表3-2　二层门的工程量计算表（三四层与之相同，参考建施-01、建施-05、建施-06）

构件名称	算量类别	编码	项目特征	算量名称	计算公式	工程量	单位	所属墙体
M0821	清单	010801001	胶合板门	洞口面积	洞口面积×数量	6.72	m^2	100厚内墙含洞口面积6.72m^2
	定额	子目1	制作	框外围面积	同上	6.72	m^2	
		子目2	运输		同上	6.72	m^2	
		子目3	后塞口		同上	6.72	m^2	
		子目4	五金	樘	数量	4	樘	
	清单	011401001	胶合板门油漆	洞口面积	洞口面积×数量	6.72	m^2	
	定额	子目1	油漆	框外围面积	同上	6.72	m^2	
M0921	清单	010801001	胶合板门	洞口面积	洞口面积×数量	15.12	m^2	200厚内墙含洞口面积36.48m^2
	定额	子目1	制安	框外围面积（或洞口面积）	同上	15.12	m^2	
		子目2	运输		同上	15.12	m^2	
		子目3	后塞口		同上	15.12	m^2	
		子目4	五金	樘	数量	8	樘	
	清单	011401001	胶合板门油漆	洞口面积	洞口面积×数量	15.12	m^2	
	定额	子目1	油漆	框外围面积	同上	15.12	m^2	
M0921	清单	010802004	防盗门	洞口面积	洞口面积×数量	7.56	m^2	
	定额	子目1	制安	框外围面积（或洞口面积）	同上	7.56	m^2	
		子目2	后塞口		同上	7.56	m^2	
		子目3	五金	樘	数量	4	樘	
M1523	清单	010801001	胶合板门	洞口面积	洞口面积×数量	13.8	m^2	
	定额	子目1	制作	框外围面积（或洞口面积）	同上	13.8	m^2	
		子目2	运输		同上	13.8	m^2	
		子目3	后塞口		同上	13.8	m^2	
		子目4	五金	樘	数量	4	樘	
	清单	011401001	胶合板门油漆	洞口面积	洞口面积×数量	13.8	m^2	
	定额	子目1	油漆	框外围面积	同上	13.8	m^2	
TLM2521	清单	010802001	铝合金推拉门	洞口面积	洞口面积×数量	21	m^2	200厚外墙含洞口面积21m^2
	定额	子目1	制安	框外围面积（或洞口面积）	同上	21	m^2	
		子目2	后塞口		同上	21	m^2	

注：未考虑框扣尺寸，运输不发生不计。

二、窗的工程量计算

（一）布置任务

1. 根据图纸对第二层窗进行列项（要求细化到工程量级别，即列出的分项能在清单中找出相应的编码，比如窗要列出不同材质的窗安装等）
2. 总结不同种类窗的各种清单、定额工程量计算规则
3. 计算第二层所有窗的清单、定额工程量
4. 第三层和第四层为标准层，窗的工程量与第二层完全相同

（二）内容讲解

二层窗的清单工程量和定额工程量计算规则与首层相同。

（三）完成任务

二层窗工程量计算表见表3-3。

表3-3 二层窗工程量计算表（参考建施-01、建施-04、建施-11）

构件名称	算量类别	编码	项目特征	算量名称	计算公式	工程量	单位	所属墙体
C1215	清单	010807001	塑钢窗	洞口面积	洞口面积×数量	10.8	m^2	200厚外墙含洞口面积10.8m^2
	定额	子目1	制作	洞口面积	同上	10.8	m^2	
		子目2	运输		同上	10.8	m^2	
		子目3	后塞口		同上	10.8	m^2	
阳台窗	清单	010807001	塑钢窗	洞口面积	[（阳台栏板中心线三面长度]×阳台窗高×数量	51.264	m^2	
	定额	子目1	制作	洞口面积	同上	51.264	m^2	
		子目2	运输		同上	51.264	m^2	
		子目3	后塞口		同上	51.264	m^2	

注：这里未考虑框扣尺寸，运输不发生不计。

三、剪力墙的工程量计算

（一）布置任务

1. 根据图纸对第二层剪力墙进行列项（要求细化到工程量级别，即列出的分项能在清单中找出相应的编码，比如剪力墙要列出混凝土墙和模板等）
2. 总结剪力墙的各种清单、定额工程量计算规则
3. 计算第二层所有剪力墙的清单、定额工程量
4. 第三层和第四层为标准层，剪力墙的工程量与第二层完全相同

（二）内容讲解

剪力墙的清单工程量和定额工程量计算规则同一层。

（三）完成任务

二层剪力墙墙体工程量计算表见表3-4。

表3-4 二层剪力墙工程量计算表（三、四层与之相同，参考结施-04）

构件名称	算量类别	清单编码	项目特征	算量名称	墙位置	计算公式	工程量	单位
外墙JLQ200	清单	010504001	C30钢筋混凝土	体积	所有外墙	（外墙长×墙高×墙厚）−（阳台门洞所占体积）×数量−（楼梯间上窗所占体积）×数量−[楼梯间下窗所占体积]×2个−（C1215所占体积）×数量−（飘窗洞所占体积）×数量	41.04	m³
	定额	子目1	C30钢筋混凝土	体积	所有外墙	同上	41.04	m³
	清单	011702011	普通模板	模板面积	1、7、8、14轴线	[（1轴线墙内外侧长度）×墙高−（相交墙所占的面积×2）−板头所占面积]×数量	212.816	（406.872）m²
					E/1-7、E/8-14轴线	[（E/1-7轴线墙内外侧长度−相交墙所占长度）×墙高−（阳台门所占面积）+（阳台门三面侧壁面积）−（楼梯间上窗所占面积）+（楼梯间上窗三面侧壁面积）−（楼梯间下窗所占面积）+(楼梯间下窗三面侧壁面积)−(板头所占面积)]×数量−[阳台栏板及底板与外墙相交面积]×阳台数量	79.656	
					B/1-2、B/6-7、B/8-9、B/13-14轴线	[（B/1-2轴线墙内外侧长度）×墙高−（C1215所占面积）+（C1215侧壁所占面积）−（板头所占面积）−（相交墙所占面积）]×数量	33.808	
					2/A-B、6/A-B、9/A-B、13/A-B轴线	[（2/A-B轴线墙内外侧长度）×墙高−（板头所占面积）]×数量	26.304	
					A/2-6、A/9-13轴线	[（A/2-6轴线墙内外侧长度−相交墙所占长度）×墙高−(飘窗洞所占面积)×数量+(飘窗洞侧壁面积）×数量−（卧室板头所占面积）]×数量	54.288	
	定额	子目1	普通模板	模板面积		同清单汇总	406.872	m²

续表

构件名称	算量类别	清单编码	项目特征	算量名称	墙位置	计算公式	工程量	单位
内墙JLQ200	清单	010504001	C30钢筋混凝土	体积	所有内墙	（内墙长×墙高×墙厚）－（M0921所占面积×墙厚）×数量－（M1523所占面积×墙厚）×数量	41.312	m³
	定额	子目1	C30钢筋混凝土	体积	所有内墙	同上	41.312	m³
	清单	011702011	普通模板	模板面积	3/D-E、5/D-E、10/D-E、12/D-E轴线	[（3/D-E墙内外侧长度）×墙高－（M0921所占面积）+（M0921三面侧壁所占面积）－（板头所占面积）]×数量	95.916	（403.916）m²
					D/1-7、D/8-14轴线	[（D/1-7轴线内外侧长度）×墙高－（相交墙所占长度）×数量－（M1523所占面积）×数量+（M1523三面侧壁所占面积）×数量－（客厅板头所占面积）×数量－（过道卫生间板头所占面积）×数量－（楼梯间板头所占面积）]×数量	94.24	
					C/1-7、C/8-14轴线	[（C/1-7轴线墙内外长度）×墙高－（M0921所占面积）×数量+（M0921三面侧壁所占面积）×数量－（相交墙宽度所占长度）×数量－（厨房板头所占面积）×数量－（卧室板头所占面积）×数量－（过道卫生间板头所占面积）×数量]×数量	93.696	
					4/A-D、11/A-D	[（4/A-D轴线墙内外长度）×墙高－（墙相交面积）－（卧室板头所占面积）×数量－（卫生间板头所占面积）×数量]×数量	60.032	
					2/B-C、6/B-C、9/B-C、13/B-C轴线	[（2/B-C轴线墙内外长度）×墙高－（厨房板头所占面积）×2]×数量	60.032	
	定额	子目1	普通模板	模板面积		同清单汇总	403.916	m²
内墙TBQ100	清单	011210005	条板墙	面积	卫生间隔断	[（卫生间净长）×墙高－（M0821所占面积）－（卫生间板头所占面积）]×数量	10.432	m³
	定额	子目1	条板墙	面积	卫生间隔断	同上	10.432	m³

第二层的剪力墙计算时，也应像首层一样，先计算其墙中心线长度，然后依据公式进行体积的计算。

第二节　室外装修工程量计算

一、第二层室外装修工程量计算

（一）布置任务

1. 根据图纸对第二层室外装修进行列项（要求细化到工程量级别，即列出的分项能在清单中找出相应的编码，比如室外装修的清单项等）
2. 总结室外装修的各种清单、定额工程量计算规则
3. 计算第二层室外装修的清单、定额工程量
4. 第三层和第四层为标准层，室外装修的工程量与第二层完全相同

（二）内容讲解

二层室外装修的清单工程量计算规则和定额工程量计算规则与首层相同。

（三）完成任务

二层室外装修工程量计算表见表3-5。

表3-5　二层室外装修工程量计算表（三、四层与之相同，参考建施-02、建施-09～11）

构件名称	算量类别	清单编码	项目特征	算量名称	位置	计算公式	工程量	单位
外墙装饰	清单	011202002	涂料墙面	墙面抹灰面积	1/B-E、14/B-E	（外墙墙面长度）×层高×数量	56.56	（150.088）m^2
					B/1-2、B/6-7、B/8-9、B/13-14	（外墙墙面长度×外墙墙面高度−C1215洞口面积）×数量	16.32	
					2/A-B、6/A-B、9/A-B、13/A-B	外墙墙面长度×外墙墙面高度×数量	13.44	
					A/2-6、A/9-13	[（外墙墙面长度）×外墙墙面高度−（D2515洞口面积×2个）−（与飘窗板相交面积）]×数量	24.2	

续表

构件名称	算量类别	清单编码	项目特征	算量名称	位置	计算公式	工程量	单位
外墙装饰	清单	011202002	涂料墙面	墙面抹灰面积	阳台栏板	（阳台栏板三面周长）×（阳台栏板高度+板厚）×数量－伸缩缝处栏板无装修	27.132	
					E/3-5、E/10-12	[（E/3-5栏板间墙净宽）×墙高－（楼梯间下窗所占面积）+（阳台窗高×阳台栏板与墙相交面积一半×2道）－楼梯间上窗所占面积]×数量（解释：阳台窗与墙面相交面积仍然计算装修，一半分给阳台贴墙，一半分给外墙装修）	12.436	
	定额	子目1	刮涂柔性耐水腻子	墙面抹灰面积		同清单合计	150.088	m²
		子目2	喷（刷）外墙涂料	墙面块料面积	1/B-E、14/B-E	（外墙墙面长度）×层高×数量	56.56	（153.328）m²
					B/1-2、B/6-7、B/8-9、B/13-14	[外墙墙面长度×外墙墙面高度－（C1215洞口面积）+（C1215洞口侧壁面积）]×数量	18.48	
					2/A-B、6/A-B、9/A-B、13/A-B	外墙墙面长度×外墙墙面高度×数量	13.44	
					A/2-6、A/9-13	[（外墙墙面长度）×外墙墙面高度－（D2515洞口面积×2个）－（与飘窗板相交面积）]×数量	24.2	
					阳台栏板	（阳台栏板三面周长）×（阳台栏板高度+板厚）×数量－伸缩缝处栏板无装修	27.132	
					E/3-5、E/10-12	[（E/3-5栏板间墙净宽）×墙高－（楼梯间下窗所占面积）+（楼梯间下窗所占侧壁面积）+（阳台窗高×阳台栏板与墙相交宽度一半×2道）－楼梯间上窗所占面积+楼梯间上窗所占侧壁面积]×数量（解释：阳台窗与墙面相交面积仍然计算装修，一半分给阳台贴墙，一半分给外墙装修）	13.516	

续表

构件名称	算量类别	清单编码	项目特征	算量名称	位置	计算公式	工程量	单位
外墙保温	清单	011001003	保温墙面	墙面抹灰面积	1/B-E、14/B-E	（外墙墙面长度）×层高×数量	56.56	（150.088）m^2
					B/1-2、B/6-7、B/8-9、B/13-14	（外墙墙面长度×外墙墙面高度−C1215洞口面积）×数量	16.32	
					2/A-B、6/A-B、9/A-B、13/A-B	外墙墙面长度×外墙墙面高度×数量	13.44	
					A/2-6、A/9-13	[（外墙墙面长度）×外墙墙面高度−（D2515洞口面积×2个）−（与飘窗板相交面积）]×数量	24.2	
					阳台栏板	（阳台栏板三面周长）×（阳台栏板高度+板厚）×数量−伸缩缝处栏板无装修	27.132	
					E/3-5、E/10-12	[（E/3-5栏板间墙净宽）×墙高−（楼梯间下窗所占面积）+（阳台窗高×阳台栏板与墙相交宽度一半×2道）−楼梯间上窗所占面积]×数量（解释：阳台窗与墙面相交面积仍然计算装修，一半分给阳台贴墙，一半分给外墙装修）	12.436	
	定额	子目1	50厚聚苯颗粒保温	墙面抹灰面积		同清单合计	150.088	m^2

【温馨提示】

第二层的室外装修应当从层底标高算起，在计算周长时，应计算外墙外边线。

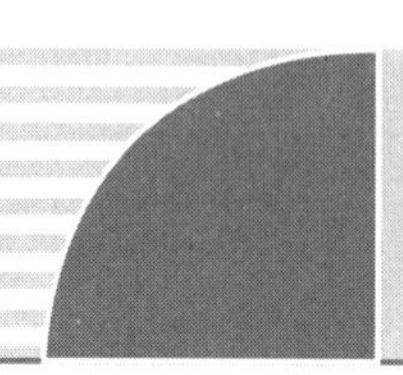

第四章

五层工程量手工计算

【能力目标】

掌握第五层构件清单工程量和其对应的定额工程量计算规则，并根据这些规则手工计算各构件的工程量。

经过分析，五层的某些构件的工程量也与先前算过的首层及二层工程量完全相同，见表4-1。

表4-1 五层与首二层相同构件统计表

构件名称	是否重新计算
门	与二层门相同，见表3-2
窗	重新计算，见表4-2
墙洞	与首层相同，见表2-3
剪力墙长度	与首层相同，见表2-4
剪力墙体积模板	重新计算，见表4-3
板	重新计算，见表4-4
楼梯	无
阳台雨篷板	重新计算，见表4-5
阳台栏板	与首层相同，见表2-9
阳台雨篷栏板	重新计算，见表4-6
雨篷	无
飘窗	与首层相同，见表2-11
台阶	无
散水	无
楼梯间楼层平台位置	重新计算，见表4-7

续表

构件名称	是否重新计算
楼梯间楼梯位置	重新计算，见表4-8
卫生间	与首层相同，见表2-16
厨房	与首层相同，见表2-17
过道	重新计算，见表4-8
客厅	重新计算，见表4-9
卧室	重新计算，见表4-10
阳台装修	重新计算，见表4-11
室外装修	重新计算，见表4-12

由表4-1得，我们需要计算窗、剪力墙、板、阳台、雨篷、楼梯间装修、室内装修及室外装修的工程量。接下来依次计算其工程量。

第一节　五层围护结构的工程量计算

一、窗的工程量计算

（一）布置任务

1. 根据图纸对第五层窗进行列项（要求细化到工程量级别，即列出的分项能在清单中找出相应的编码，比如窗要列出不同材质的窗安装等）
2. 总结不同种类窗的各种清单、定额工程量计算规则
3. 计算第五层所有窗的清单、定额工程量

（二）内容讲解

窗的清单工程量计算规则和定额工程量计算规则与首层相同。

（三）完成任务

五层窗工程量计算表见表4-2。

表4-2　五层窗工程量计算表（参考建施-01、建施-07、建施-11）

构件名称	算量类别	编码	项目特征	算量名称	计算公式	工程量	单位	所属墙体
C1215	清单	010807001	塑钢窗	洞口面积	洞口面积×数量	10.8	m^2	200厚外墙含洞口面积10.8m^2
	定额	子目1	制作	洞口面积	同上	10.8	m^2	
		子目2	运输		同上	10.8	m^2	
		子目3	后塞口		同上	10.8	m^2	

续表

构件名称	算量类别	编码	项目特征	算量名称	计算公式	工程量	单位	所属墙体
阳台窗	清单	010807001	塑钢窗	洞口面积	（阳台栏板中心线三面长度×阳台窗高×数量	54.144	m²	
	定额	子目1	制作	洞口面积	（阳台栏板中心线三面长度×阳台窗高×数量	54.144	m²	
		子目2	运输		同上	54.144	m²	
		子目3	后塞口		同上	54.144	m²	

注：这里未考虑框扣尺寸，运输不发生不计。

二、剪力墙的工程量计算

（一）布置任务

1. 根据图纸对第五层剪力墙进行列项（要求细化到工程量级别，即列出的分项能在清单中找出相应的编码，比如剪力墙要列出混凝土墙和模板等）

2. 总结剪力墙的各种清单、定额工程量计算规则

3. 计算第五层所有剪力墙的清单、定额工程量

（二）内容讲解

剪力墙的清单工程量计算规则和定额工程量计算规则同一层。

（三）完成任务

五层剪力墙工程量计算表见表4-3。

表4–3 五层剪力墙工程量计算表（参考结施–04）

构件名称	算量类别	清单编码	项目特征	算量名称	墙位置	计算公式	工程量	单位
外墙JLQ200	清单	010504001	C30钢筋混凝土	体积		（外墙长×墙高×墙厚）－（阳台门洞所占体积）×数量－（楼梯间窗所占体积）×数量－（C1215所占体积）×数量－（飘窗洞所占体积）×数量	43.128	m³
	定额	子目1	C30钢筋混凝土	体积	所有外墙	同上	43.128	m³
	清单	011702011	普通模板	模板面积	1、7、8、14轴线	［（1轴线墙内外侧长度）×墙高－（相交墙所占的面积×数量）－板头所占面积］×数量	220.576	（422.872）m²
					E/1-7、E/8-14轴线	［（E/1-7墙内外侧长度）×墙高－（TLM2521所占面积）×2个＋（TLM2521三面侧壁所占面积）×2个－（楼梯间窗）＋（楼梯间窗三面所占面积）－（墙相交面积）×2个－（客厅板头所占面积）×2个－（楼梯间板所占面积）］×2－阳台栏板及底板与外墙相交面积×数量	84.736	

续表

构件名称	算量类别	清单编码	项目特征	算量名称	墙位置	计算公式	工程量	单位
外墙JLQ200	清单	011702011	普通模板	模板面积	B/1-2、B/6-7、B/8-9、B/13-14轴线	[(B/1-2轴线墙内外侧长度)×墙高-(C1215所占面积)+(C1215侧壁所占面积)-(板头所占面积)-(相交墙所占面积)]×数量	35.408	(422.872) m^2
					2/A-B、6/A-B、9/A-B、13/A-B轴线	[(2/A-B墙内外侧长度)×墙高-卧室板头所占面积]×数量	27.264	
					A/2-6、A/9-13轴线	[(A/2-6轴线墙内外侧长度-相交墙所占长度)×墙高-(飘窗洞所占面积)×2个+(飘窗洞侧壁所占面积)×2个-(卧室板头所占面积)]×2道墙-飘窗底板顶板与墙相交面积×数量	54.888	
	定额	子目1	普通模板	模板面积		同清单合计	422.872	m^2
内墙JLQ200	清单	010504001	C30钢筋混凝土	体积		(内墙长×墙高×墙厚)-(M0921所占面积×墙厚)×12个-(M1523所占面积×墙厚)×数量	43.048	m^3
	定额	子目1	C30钢筋混凝土	体积	所有内墙	同上	43.048	m^3
	清单	011702011	普通模板	模板面积	3/D-E、5/D-E、10/D-E、12/D-E	[(3/D-E墙内外侧长度)×墙高-(M0921所占面积)+(M0921三面侧壁所占面积)-(客厅板头所占面积)]×数量	97.936	(418.984) m^2
					D/1-7、D/8-14轴线	[(D/1-7轴线内外侧长度)×墙高-(相交墙所占长度)×数量-(M1523三面侧壁所占面积)×数量+(M1523三面侧壁所占面积)×数量-(客厅板头所占面积)×数量-(过道卫生间板头所占面积)×数量-(楼梯间板头所占面积)]×数量	98.488	
					C/1-7、C/8-14轴线	[(C/1-7轴线墙内外侧长度)×墙高-(M0921所占面积)×数量+(M0921三面侧壁所占面积)×数量-(相交墙宽度所占长度)×数量-(厨房板头所占面积)×数量-(卧室板头所占面积)×数量-(过道卫生间板头所占面积)×数量]×数量	98.016	

续表

构件名称	算量类别	清单编码	项目特征	算量名称	墙位置	计算公式	工程量	单位
内墙JLQ200	清单	011702011	普通模板	模板面积	4/A-D、11/A-D轴线	[(4/A-D轴线墙内外长度)×墙高－(墙相交面积)－(卧室板头所占面积)×数量－(卫生间板头所占面积)]×数量	62.272	(418.984) m^2
					2/B-C、6/B-C、9/B-C、13/B-C轴线	[(2/B-C轴线墙内外长度)×墙高－(厨房板头所占面积)×2]×数量	62.272	
	定额	子目1	普通模板	模板面积		同清单合计	418.984	m^2
内墙TBQ100	清单	011210005	陶粒混凝土空心砌块	体积	卫生间隔墙	[(卫生间净长)×墙高×墙厚－(M0821所占体积)－(卫生间板头所占体积)]×数量	1.107	m^3
	定额	子目1	陶粒混凝土空心砌块	体积	卫生间隔墙	同上	1.107	m^3

第二节　顶部结构工程量计算

一、板的工程量计算

由于第五层的顶部结构只有板，所以只需要对板进行计算即可。

（一）布置任务

1. 根据图纸对第五层板进行列项（要求细化到工程量级别，即列出的分项能在清单中找出相应的编码，比如板要列出板的清单项及模板、脚手架等）
2. 总结板的各种清单、定额工程量计算规则
3. 计算第五层所有板的清单、定额工程量

（二）内容讲解

板的清单工程量计算规则和定额工程量计算规则同一层。

（三）完成任务

五层板工程量计算表见表4-4。

表4-4　五层板工程量计算表（参考结施-11等）

构件名称	算量类别	清单编码	项目特征	算量名称	位置	计算公式	工程量	单位
B120	清单	010505003	C30	体积	E-D/1-3、E-D/5-7、E-D/8-10、E-D/12-14	[客厅顶板净面积×板厚]×数量	9.408	（26.007）m³
					C-D/1-4、C-D/4-7、C-D/8-11、C-D/11-14	[过道卫生间顶板净面积×板厚]×数量	4.224	
					B-C/1-2、B-C/6-7、B-C/8-9、B-C/13-14	[厨房顶板净面积×板厚]×数量	2.5536	
					A-C/2-4、A-C/4-6、A-C/9-11、A-C/11-13	[卧室顶板净面积×板厚]×数量	6.528	
					D-E/3-5、D-E/10-12	[楼梯间顶板净面积×板厚]×数量	3.293	
	定额	子目1	C30	体积		同清单合计	26.007	m³
	清单	011702016	普通模板	模板面积	E-D/1-3、E-D/5-7、E-D/8-10、E-D/12-14	[客厅顶板净面积]×数量	78.4	（216.72）m²
					C-D/1-4、C-D/4-7、C-D/8-11、C-D/11-14	[过道卫生间顶板净面积]×数量	35.2	
					B-C/1-2、B-C/6-7、B-C/8-9、B-C/13-14	[厨房顶板净面积]×数量	21.28	
					A-C/2-4、A-C/4-6、A-C/9-11、A-C/11-13	[卧室顶板净面积]×数量	54.4	
					D-E/3-5、D-E/10-12	[楼梯间顶板净面积]×数量	27.44	
	定额	子目1	C30	模板面积		同清单合计	216.72	m²

第三节 室外结构工程量计算

本工程的室外结构主要有阳台雨篷。

一、阳台的工程量计算

（一）布置任务

1. 根据图纸对第五层阳台雨篷进行列项
2. 总结阳台的各种清单、定额工程量计算规则
3. 计算第五层所有阳台雨篷的清单、定额工程量

（二）内容讲解

阳台雨篷板、阳台雨篷栏板的清单工程量计算规则和定额工程量计算规则同一层。

（三）完成任务

五层阳台雨篷板工程量计算表见表4-5。

表4-5 五层阳台雨篷板工程量计算表（参考结施-08）

构件名称	算量类别	清单编码	项目特征	算量名称	计算公式	工程量	单位
五层阳台上雨篷板	清单	010505008	C30钢筋混凝土	雨篷平板体积	［（阳台板长）×阳台板宽×阳台板厚］×数量	3.168	m^3
	定额	子目1	C30钢筋混凝土	雨篷平板体积	同上	3.168	m^3
	清单	011702023	普通模板	雨篷模板面积	（阳台板长）×阳台板宽×数量	26.4	m^2
	定额	子目1	普通模板	雨篷模板面积	同上	26.4	m^2

五层阳台雨篷栏板的工程量计算见表4-6。

表4-6 五层阳台雨篷栏板工程量计算表（参考结施-08等）

构件名称	算量类别	清单编码	项目特征	算量名称	计算公式	工程量	单位
阳台雨篷栏板LB100×180	清单	010505008	C30钢筋混凝土	体积	（阳台雨篷栏板中心线长度）×雨篷栏板厚度×雨篷栏板高度×4个阳台	0.5184	m^3
	定额	子目1	C30钢筋混凝土	体积	同上	0.5184	m^3
	清单	011702023	普通模板	模板面积	（阳台雨篷栏板中心线长度）×雨篷栏板高度×2面×4个阳台雨篷	10.368	m^2
	定额	子目1	普通模板	模板面积	同上	10.368	m^2

第四节　室内装修工程量计算

室内装修分房间来计算，从建施-07可以看出，五层房间有楼梯间、过道、客厅、卧室、阳台室内，下面分别计算。

一、五层楼梯间楼室内装修工程量计算

（一）布置任务

1.根据图纸对五层楼梯间进行列项（楼梯间的装修部分分为楼梯间平台位置和楼梯间楼梯位置；要求细化到工程量级别，即列出的分项能在清单中找出相应的编码，比如楼梯间平台装修的清单项以及模板清单项等）

2.总结楼梯间平台和楼梯位置装修的各种清单、定额工程量计算规则

3.计算五层楼梯间平台位置和楼梯位置装修的清单、定额工程量

（二）内容讲解

五层楼梯间楼室内装修的清单工程量计算规则和定额工程量计算规则同一层。

（三）完成任务

第五层楼梯间平台位置装修的工程量计算表见表4-7。

表4-7　第五层楼梯间楼层平台位置装修工程量计算表

（参考建施-01、建施-02、建施-07、建施-13等）

构件名称	算量类别	清单编码	项目特征	算量名称	计算公式	工程量	单位
楼梯间楼层平台	清单	011102003	地砖楼面	块料楼地面	[（楼层平台净宽）×（楼层平台净长）+（门开口面积×数量）]×数量	6.688	m²
	定额	子目1	地砖楼面	块料地面积	同上	6.688	m²
	清单	011105003	地砖踢脚	踢脚长度	[（楼层平台净宽－门宽+门侧壁×2）×2处+（平台净长）]×数量	7.32	m
	定额	子目1	地砖踢脚	踢脚长度	同上	7.32	m
	清单	011201002	涂料墙面	墙面抹灰面积	{[楼层平台净周长]×（墙高－板厚）－（门所占面积）}×数量	20.574	m²

续表

构件名称	算量类别	清单编码	项目特征	算量名称	计算公式	工程量	单位
楼梯间楼层平台	定额	子目1	9厚1∶3水泥砂浆打底扫毛	墙面抹灰面积	同上	20.574	m^2
		子目2	喷水性耐擦洗涂料	墙面块料面积	{［楼层平台净周长］×（墙高－板厚－踢脚高度）－门所占面积＋门侧壁面积}×数量	21.882	m^2
	清单	011301001	喷涂顶棚	天棚抹灰面积	（房间净宽）×（房间净长）×数量	6.328	m^2
	定额	子目1	耐水腻子两遍	天棚抹灰面积	同上	6.328	m^2
		子目2	耐擦洗涂料	天棚抹灰面积	同上	6.238	m^2

五层楼梯间楼梯位置装修的工程量计算表见表4-8。

表4-8　五层楼梯间楼梯位置装修工程量计算表

（参考建施-01、建施-02、建施-07、建施-13等）

构件名称	算量类别	清单编码	项目特征	算量名称	计算公式	工程量	单位
楼梯间楼梯斜跑位置	清单	011201002	涂料墙面	墙面抹灰面积	{［楼梯间净周长］×（墙高－板厚）－（窗所占面积）}×数量	55.330	m^2
	定额	子目1	9厚1∶3水泥砂浆打底扫毛	墙面抹灰面积	同上	55.330	m^2
		子目2	喷水性耐擦洗涂料	墙面块料面积	{［楼梯间净周长］×（墙高－板厚）－（窗所占面积）＋窗侧壁面积}×数量	55.930	m^2
	清单	011301001	喷涂顶棚	天棚抹灰面积	（房间净宽）×（房间净长）×数量	21.112	m^2
	定额	子目1	耐水腻子两遍	天棚抹灰面积	同上	21.112	m^2
		子目2	耐擦洗涂料	天棚涂料面积	同上	21.112	m^2

二、五层过道装修工程量计算

（一）布置任务

1. 根据图纸对第五层过道装修进行列项（要求细化到工程量级别，即列出的分项能在清单中找出相应的编码，比如过道地面、墙面以及天棚装修的清单项等）
2. 总结第五层过道装修的各种清单、定额工程量计算规则
3. 计算第五层过道装修的清单、定额工程量

（二）内容讲解

五层过道房间装修的清单工程量计算规则和定额工程量计算规则同一层。

（三）完成任务

五层过道装修的工程量计算表见表4-9。

表4-9 五层过道装修工程量计算表（参考建施-01、建施-02、建施-07）

房间位置	构件名称	算量类别	清单编码	项目特征	算量名称	位置	计算公式	工程量	单位
过道	楼面4	清单	01120400	花岗石楼面	块料地面积	过道	[（房间净长×房间净宽+M1523开口面积+M0921开口面积×2）+M0821开口面积]×数量	22.92	m^2
		定额	子目1	花岗石楼面	块料地面积		同上	22.92	m^2
		清单	010501001	40厚陶粒混凝土垫层	垫层体积	过道	（房间净长×房间净宽）×厚度×数量	0.858	m^2
		定额	子目1	40厚陶粒混凝土垫层	垫层体积		同上	0.858	m^3
	踢脚2	清单	011105003	地砖踢脚	踢脚长度	1/C-D、7/C-D、8/C-D、14/C-D	房间净长×数量	6.4	（26.4）m
						D/M1523处	[房间净长－门宽+门侧壁]×数量	8.2	
						C/M0921处	[房间净长－门×2+门侧壁×2]×数量	7.8	
						M0821处	（房间净长－门+门侧壁）×数量	4.0	

续表

房间位置	构件名称	算量类别	清单编码	项目特征	算量名称	位置	计算公式	工程量	单位
过道	踢脚2	定额	子目1	5～10厚地砖踢脚	踢脚长度			26.4	m
	内墙面1	清单	011201002	涂料墙面	墙面抹灰面积	1/C-D、7/C-D、8/C-D、14/C-D	房间净长×（层高－板厚）×数量	17.792	（74.448）m²
						D/M1523处	［房间净长×（层高－板厚）－门洞口面积］×数量	23.452	
						C/M0921处	［（房间净长）×（层高－板厚）－门洞口面积］×数量	22.132	
						M0821处	［房间净长×（层高－板厚）－门洞口面积］×数量	11.072	
		定额	子目1	9厚1∶3水泥砂浆打底扫毛	墙面抹灰面积		同清单合计	74.448	m²
			子目2	喷水性耐擦洗涂料	墙面块料面积	1/C-D、7/C-D、8/C-D、14/C-D	（房间净长）×（层高－板厚－踢脚高度）×数量	17.152	（79.368）m²
						D/M1523处	［（房间净长）×（层高－板厚－踢脚高度）－（门洞口面积）＋（门侧壁面积）］×数量	25.072	
						C/M0921处	［（房间净长）×（层高－板厚－踢脚高度）×2个－（门洞口面积）＋门侧壁面积］×数量	25.432	
						M0821处	［房间净长×（层高－板厚－踢脚高度）－（门洞口面积）＋门侧壁面积］×数量	11.712	
	顶棚	清单	011301001	涂料顶棚	天棚抹灰面积	过道	房间净长×房间净宽×数量	21.44	m²
		定额	子目1	刮耐水腻子	天棚抹灰面积	过道	同上	21.44	m²
				耐擦洗涂料	天棚抹灰面积		同上	21.44	m²

三、五层客厅装修工程量计算

（一）布置任务

1. 根据图纸对五层客厅装修进行列项（要求细化到工程量级别，即列出的分项能在清单中找出相应的编码，比如客厅地面、墙面以及天棚装修的清单项等）
2. 总结五层客厅装修的各种清单、定额工程量计算规则
3. 计算五层客厅装修的清单、定额工程量

（二）内容讲解

五层客厅房间装修的清单工程量计算规则和定额工程量计算规则同一层。

（三）完成任务

五层客厅装修的工程量计算表见表4-10。

表4-10 五层客厅房间装修工程量计算表（参考建施-01、建施-02、建施-07）

房间位置	构件名称	算量类别	清单编码	项目特征	算量名称	位置	计算公式	工程量	单位
客厅	楼面5	清单	011102001	花岗石楼面	块料地面积	客厅	[（房间净长）×（房间净宽）+（M1523开口面积+M0921开口面积+TLM2521开口面积）]×数量	80.36	m²
		定额	子目1	花岗石楼面	块料地面积		同上	80.36	m²
		清单	010501001	40厚陶粒混凝土垫层	垫层体积	客厅	（房间净长）×（房间净宽）×厚度×数量	3.136	m³
		定额	子目1	40厚陶粒混凝土垫层	垫层体积		同上	3.136	m³
	踢脚3	清单	011105002	花岗石踢脚	踢脚长度	E/1-3、E/5-7、E/8-10、E/12-14	[（房间净长）-门宽+（门侧壁）]×数量	6.8	（54）m
						D/1-3、D/5-7、D/8-10、D/12-14	[（房间净长）-门宽+（门侧壁）]×数量	10.8	
						1/D-E、7/D-E、8/D-E、14/D-E	房间净长×数量	19.6	
						3/D-E、5/D-E、10/D-E、12/D-E	[（房间净长）-门宽+（门侧壁）]×数量	16.8	
		定额	子目1	花岗石踢脚	踢脚长度		同清单合计	54	m

续表

房间位置	构件名称	算量类别	清单编码	项目特征	算量名称	位置	计算公式	工程量	单位
客厅	内墙面1	清单	011201002	涂料墙面	墙面抹灰面积	E/1-3、E/5-7、E/8-10、E/12-14	[(房间净长)×(层高−板厚)−(门洞口面积)]×数量	23.48	(155.576) m²
						D/1-3、D/5-7、D/8-10、D/12-14	[(房间净长)×(层高−板厚)−(门洞口面积)]×数量	30.68	
						1/D-E、7/D-E、8/D-E、14/D-E	(房间净长)×(层高−板厚)×数量	54.488	
						3/D-E、5/D-E、10/D-E、12/D-E	[(房间净长)×(层高−板厚)−(门洞口面积)]×数量	46.928	
		定额	子目1	9厚1∶3水泥砂浆打底扫毛	墙面抹灰面积		同清单合计	155.576	m²
			子目2	喷水性耐擦洗涂料	墙面块料面积	E/1-3、E/5-7、E/8-10、E/12-14	[(房间净长)×(层高−板厚−踢脚高度)−门宽×(门高度−踢脚高度)+门侧壁面积]×数量	25.48	(157.336) m²
						D/1-3、D/5-7、D/8-10、D/12-14	[(房间净长)×(层高−板厚−踢脚高度)−门宽度×(门高度−踢脚高度)+门侧壁面积]×数量	32.04	
						1/D-E、7/D-E、8/D-E、14/D-E	(房间净长)×(层高−板厚−踢脚高度)×数量	52.528	
						3/D-E、5/D-E、10/D-E、12/D-E	[(房间净长)×(层高−板厚−踢脚高度)−门宽度×(门高度−踢脚高度)+门侧壁面积]×数量	47.288	
	顶棚	清单	011301001	涂料顶棚	天棚抹灰面积	客厅	(房间净长)×(房间净宽)×数量	78.4	m²
		定额	子目1	耐水腻子两遍	天棚抹灰面积	客厅	同上	78.4	m²
			子目2	耐擦洗涂料	天棚涂料面积		同上	78.4	m²

四、五层卧室装修工程量计算

（一）布置任务

1. 根据图纸对第五层卧室装修进行列项（要求细化到工程量级别，即列出的分项能在清单中找出相应的编码，比如卧室地面、墙面以及天棚装修的清单项等）

2. 总结第五层卧室装修的各种清单、定额工程量计算规则

3. 计算第五层卧室装修的清单、定额工程量

（二）内容讲解

五层卧室房间装修的清单工程量计算规则和定额工程量计算规则同一层。

（三）完成任务

五层卧室装修的工程量计算表见表4-11。

表4-11　五层卧室装修工程量计算表（参考建施-01、建施-02、建施-07）

房间位置	构件名称	算量类别	清单编码	项目特征	算量名称	位置	计算公式	工程量	单位
卧室	楼面4	清单	011102003	花岗石楼面	块料楼地面	卧室	[（房间净长）×（房间净宽）+M0921开口面积]×数量	54.76	m²
		定额	子目1	花岗石楼面	块料地面		同上	54.76	m²
		清单	010501001	40厚陶粒混凝土垫层	垫层体积	卧室	（地面面积）×厚度×数量	2.176	m³
		定额	子目1	40厚陶粒混凝土垫层	垫层体积		同上	2.176	m³
	踢脚2	清单	011105003	地砖踢脚	踢脚长度	A/2-4、A/4-6、A/9-11、A/11-13	房间净长×数量	13.6	（56.4）m
						C/2-4、C/4-6、C/9-11、C/11-13	[（房间净长）-门宽+（门侧壁）]×数量	10.8	
						2/A-C、4/A-C（右）、9/A-C、11/A-C（右）	房间净长×数量	16	
						4/A-C（左）、6/A-C、11/A-C（左）、13/A-C	房间净长×数量	16	

续表

房间位置	构件名称	算量类别	清单编码	项目特征	算量名称	位置	计算公式	工程量	单位
卧室		定额	子目1	地砖踢脚	块料地面积		同清单合计	56.4	m
	内墙面1	清单	011201002	9厚1∶3水泥砂浆打底扫毛	墙面抹灰面积	A/2-4、A/4-6、A/9-11、A/11-13	[(房间净长)×(层高－板厚)－(窗洞口面积)]×数量	22.808	(142.016)m^2
						C/2-4、C/4-6、C/9-11、C/11-13	[(房间净长)×(层高－板厚)－(窗洞口面积)]×数量	30.248	
						2/A-C、4/A-C(右)、9/A-C、11/A-C(右)	(房间净长)×(层高－板厚)×数量	44.48	
						4/A-C(左)、6/A-C、11/A-C(左)、13/A-C	(房间净长)×(层高－板厚)×数量	44.48	
		定额	子目1	9厚1∶3水泥砂浆打底扫毛	墙面装饰抹灰			142.016	m^2
			子目2	喷水性耐擦洗涂料	墙面块料面积	A/2-4、A/4-6、A/9-11、A/11-13	[(房间净长)×(层高－板厚－踢脚高度)－(窗洞口面积)＋窗侧壁面积]×数量	23.648	(140.616)m^2
						C/2-4、C/4-6、C/9-11、C/11-13	[(房间净长)×(层高－板厚－踢脚高度)－门宽度×(门高度－踢脚高度)＋门侧壁面积]×数量	31.208	
						2/A-C、4/A-C(右)、9/A-C、11/A-C(右)	(房间净长)×(层高－板厚－踢脚高度)×数量	42.88	
						4/A-C(左)、6/A-C、11/A-C(左)、13/A-C	(房间净长)×(层高－板厚－踢脚高度)×数量	42.88	
	顶棚1	清单	011301001	涂料顶棚	天棚抹灰面积	卧室	(房间净长)×(房间净宽)×数量	54.4	m^2
		定额	子目1	耐水腻子两遍	天棚抹灰面积	卧室	同上	54.4	m^2
			子目2	耐擦洗涂料	天棚涂料面积		同上	54.4	m^2

五、五层阳台室内装修工程量计算

（一）布置任务

1. 根据图纸对第五层阳台装修进行列项（要求细化到工程量级别，即列出的分项能在清单中找出相应的编码，比如阳台地面、墙面以及天棚装修的清单项等）

2. 总结第五层阳台装修的各种清单、定额工程量计算规则

3. 计算第五层阳台装修的清单、定额工程量

（二）内容讲解

五层阳台室内装修的清单工程量计算规则和定额工程量计算规则同一层。

（三）完成任务

五层阳台装修的工程量计算表见表4-12。

表4-12 五层阳台装修工程量计算表（参考建施-01、建施-02、建施-07）

位置	构件名称	算量类别	清单编码	项目特征	算量名称	位置	计算公式	工程量	单位
阳台	楼面4	清单	011102001	花岗石楼面	块料地面积	阳台	[阳台净长×（阳台净宽）+（门开口面积）]×数量	24.52	m^2
		定额	子目1	花岗石楼面	块料地面积		同上	24.52	m^2
		清单	10501001	40厚C10垫层	垫层体积	阳台	阳台净长×（阳台净宽）×厚度×数量	0.941	m^3
		定额	子目1	40厚C10垫层	垫层体积		同上	0.941	m^3
	踢脚3	清单	011105002	花岗石踢脚	踢脚长度	1、5、8、12轴线	阳台净宽×数量	5.6	（35.6）m
						3、7、10、14轴线	阳台净宽×数量	5.6	
						1-3、5-7、8-10、12-14轴线	阳台净长×数量	16.8	
						E/1-3、E/5-7、E/8-10、E/13-14	（阳台净长－门宽+门侧壁）×数量	7.6	
		定额	子目1	花岗石踢脚	踢脚长度	阳台		35.6	m

续表

位置	构件名称	算量类别	清单编码	项目特征	算量名称	位置	计算公式	工程量	单位
阳台	内墙面1	清单	011201002	涂料墙面	墙面抹灰面积	1、5、8、12轴线	（阳台净宽）×阳台栏板高度×数量	5.04	（52.032）m²
						3、7、10、14轴线	（阳台净宽）×阳台栏板高度×数量	5.04	
						1-3、5-7、8-10、12-14轴线	阳台净长×阳台栏板高度×数量	15.12	
						E/1-3、E/5-7、E/8-10、E/13-14	[（阳台净长）×（层高－板厚度）－（门洞口面积）＋（阳台窗高×阳台栏板与墙相交宽度）]×数量	26.832	
		定额	子目1	9厚1∶3水泥砂浆扫毛	墙面抹灰面积	阳台	同清单合计	52.032	m²
			子目2	喷水性耐擦洗涂料	墙面块料面积	1、5、8、12轴线	（阳台净宽）×（阳台栏板高度－踢脚高度）×数量	4.48	（51.152）m²
						3、7、10、14轴线	（阳台净宽）×（阳台栏板高度－踢脚高度）×数量	4.48	
						1-3、5-7、8-10、12-14轴线	阳台净长×（阳台栏板高度－踢脚高度）×数量	13.44	
						E/1-3、E/5-7、E/8-10、E/13-14	[（阳台净长）×（层高－板厚度－踢脚高度）－（门高度－踢脚高度）×门宽＋门侧壁面积＋（阳台窗高×阳台栏板与墙相交宽度）]×数量	28.752	
	顶棚	清单	011301001	涂料顶棚	天棚抹灰面积	阳台	（阳台净长）×（阳台净宽）×数量	26.4	m²
		定额	子目1	耐水腻子两遍	天棚抹灰面积	阳台	同上	26.4	m²
			子目2	耐擦洗涂料	天棚抹灰面积		同上	26.4	m²

阳台内墙面是涂料墙面，在计算时不用扣除踢脚的高度；在计算涂料墙面时应当注意要计算门侧壁面积（除了地面的部分）；右栏板只计算其一半的板厚，另一半计算外墙。

第五节　室外装修工程量计算

一、五层室外装修工程量计算

（一）布置任务

1. 根据图纸对五层室外装修进行列项（要求细化到工程量级别，即列出的分项能在清单中找出相应的编码，比如室外装修的清单项等）

2. 总结室外装修的各种清单、定额工程量计算规则

3. 计算五层室外装修的清单、定额工程量

（二）内容讲解

五层室外装修的清单工程量计算规则和定额工程量计算规则同一层。

（三）完成任务

五层室外装修工程量计算表见表4-13。

表4-13　五层室外装修工程量计算表

构件名称	算量类别	清单编码	项目特征	算量名称	位置	计算公式	工程量	单位
外墙装饰	清单	011202002	涂料墙面	墙面抹灰面积	1/B-E、14/B-E	（外墙墙面长度）×层高×数量	58.58	（164.908）m^2
					B/1-2、B/6-7、B/8-9、B/13-14	（外墙墙面长度×墙高−C1215洞口面积）×数量	17.16	
					2/A-B、6/A-B、9/A-B、13/A-B	外墙墙面长度×墙高×数量	13.92	
					A/2-6、A/9-13	[（外墙墙面长度）×墙高−（D2515洞口面积×2个）−（与飘窗板相交面积）]×数量	25.68	
					阳台栏板	（阳台栏板三面周长）×（阳台栏板高度+板厚）×数量−伸缩缝处栏板无装修	27.132	

续表

构件名称	算量类别	清单编码	项目特征	算量名称	位置	计算公式	工程量	单位
外墙装饰	清单	011202002	涂料墙面	墙面抹灰面积	雨篷栏板	（雨篷栏板三面周长）×（雨篷栏板高度+板厚）×数量−伸缩缝处栏板多算装修	7.98	
					E/3-5、E/10-12	[（E/3-5栏板间墙净宽）×墙高−（楼梯间窗所占面积）+（阳台窗高×阳台栏板与墙相交宽度一半×2道）]×数量（解释：阳台窗与墙面相交面积仍然计算装修，一半分给阳台贴墙，一半分给外墙装修）	14.456	
	定额	子目1	刮涂柔性耐水腻子	墙面抹灰面积		同清单合计	164.908	m^2
		子目2	喷（刷）外墙涂料	墙面块料面积	1/B-E、14/B-E	（外墙墙面长度）×层高×数量	58.58	（167.668）m^2
					B/1-2、B/6-7、B/8-9、B/13-14	[外墙墙面长度×外墙墙面高度−（C1215洞口面积）+（C1215洞口侧壁面积）]×数量	19.32	
					2/A-B、6/A-B、9/A-B、13/A-B	外墙墙面长度×外墙墙面高度×数量	13.92	
					A/2-6、A/9-13	[（外墙长度）×墙高−（洞口面积×2个）−（飘窗板与墙相交面积）]×数量	25.68	
					阳台栏板	（阳台栏板三面周长）×（阳台栏板高度+板厚）×数量−伸缩缝处栏板无装修	27.132	
					雨篷栏板	（雨篷栏板三面周长）×（雨篷栏板高度+板厚）×数量−伸缩缝处栏板多算装修	7.98	
					E/3-5、E/10-12	[（E/3-5栏板间墙净宽）×墙高−（楼梯间窗所占面积）+（楼梯间窗侧壁面积）+（阳台窗高×阳台栏板与墙相交宽度一半×2道）]×数量	15.056	

续表

构件名称	算量类别	清单编码	项目特征	算量名称	位置	计算公式	工程量	单位
外墙保温	清单	011001003	保温墙面	保温隔热墙面	1/B-E、14/B-E	（外墙墙面长度）×层高×数量	58.58	（164.908）m²
					B/1-2、B/6-7、B/8-9、B/13-14	（外墙墙面长度×墙高－C1215洞口面积）×数量	17.16	
					2/A-B、6/A-B、9/A-B、13/A-B	外墙墙面长度×墙高×数量	13.92	
					A/2-6、A/9-13	[（外墙墙面长度）×墙高－（D2515洞口面积×2个）－（与飘窗板相交面积）]×数量	25.68	
					阳台栏板	（阳台栏板三面周长）×（阳台栏板高度+板厚）×数量－伸缩缝处栏板无装修	27.132	
					雨篷栏板	（雨篷栏板三面周长）×（雨篷栏板高度+板厚）×数量－伸缩缝处栏板多算装修	7.98	
					E/3-5、E/10-12	[（E/3-5栏板间墙净宽）×墙高－（楼梯间窗所占面积）+（阳台窗高×阳台栏板与墙相交宽度一半×2道）]×数量（解释：阳台窗与墙面相交面积仍然计算装修，一半分给阳台贴墙，一半分给外墙装修）	14.456	
	定额	子目1	50厚聚苯颗粒保温	墙面抹灰面积		同清单合计	164.908	m²

阳台窗与墙面相交面积仍然计算装修，一半分给阳台贴墙，一半分给外墙装修。

第五章

屋面层工程量手工计算

【能力目标】

掌握屋面层构件清单工程量和其对应的计价工程量计算规则，并根据这些规则手工计算各构件的工程量。

由图纸建施-08得，屋面层只有围护结构、室内装修及室外装修三个部分，分别包括女儿墙、屋面及女儿墙内装修，以及女儿墙外装修等。接下来将依次将此三个部分做出来。值得注意的是，屋面层与首层、二五层不同，不同的结构需要特别注意。

第一节　围护结构工程量手工计算

一、女儿墙的工程量计算

（一）布置任务

1. 根据图纸对屋面层女儿墙进行列项（要求细化到工程量级别，即列出的分项能在清单中找出相应的编码，比如女儿墙要列出混凝土墙和模板等）
2. 总结女儿墙墙的各种清单、定额工程量计算规则
3. 计算屋面层所有女儿墙的清单、定额工程量

（二）内容讲解

1. 女儿墙的清单工程量计算规则

与剪力墙相同。

2. 女儿墙的定额工程量计算规则

同清单工程量计算规则。

（三）完成任务

在计算屋面层女儿墙墙体体积之前，需要先计算墙中心线和突出女儿墙小挑檐中心线长

度，之后计算其体积和模板面积，见表5-1。

表5-1　屋面层女儿墙工程量计算表（参考建施-08等）

构件名称	算量类别	清单编码	项目特征	算量名称	计算公式	工程量	单位
女儿墙	长度计算			女儿墙中心线长度	（外墙中心线一半+女儿墙中心线到内皮的距离×8）×2边	90.8	m
				突出女儿墙小挑檐中心线长度	（X方向中心线长度）×2道+（Y方向中心线长度）×2道+（6、9轴线凹进去长度）-（伸缩缝宽度×2）	71.32	m
	清单	010505006	C30钢筋混凝土	女儿墙体积	女儿墙中心线长度×女儿墙高度×女儿墙厚度+7轴、8轴无压顶处少算部分	4.738	m^3
	定额	子目1	C30钢筋混凝土	女儿墙体积	同上	4.738	m^3
	清单	010505006	C30钢筋混凝土	女儿墙压顶体积	突出女儿墙压顶中心线长度×宽度×高度	1.2838	m^3
	定额	子目1	C30钢筋混凝土	女儿墙压顶体积	同上	1.2838	m^3
	清单	011702011	普通模板	女儿墙模板面积	（女儿墙中心线长度×女儿墙高度×2面）+7轴、8轴无压顶处少算部分	94.76	m^3
	定额	子目1	普通模板	女儿墙模板面积	同上	94.76	m^3
	清单	011702011	普通模板	女儿墙压顶模板面积	突出女儿墙压顶中心线长度×宽度×高度	20	m^3
	定额	子目1	普通模板	女儿墙压顶模板面积	同上	20	m^3

【温馨提示】

由建施-08中，A—A剖面图可知，女儿墙的中心线和女儿墙顶小挑檐的中心线不在同一直线上，因此在计算时，应多加注意。

第二节　屋面装修工程量计算

由于屋面层与首层、二～五层的结构不同，其无顶部结构，所以屋面层的装修只区分女儿墙内屋面部分装修及女儿墙外装修。根据建施-08得，屋面内装修计算如下。

一、屋面及女儿墙内装修工程量计算

（一）布置任务

1. 根据图纸对屋面层装修进行列项（屋面层的装修部分分为屋面部分和女儿墙内装修部分；要求细化到工程量级别，即列出的分项能在清单中找出相应的编码）

2. 总结屋面装修的各种清单、定额工程量计算规则

3. 计算屋面及女儿墙内装修的清单、定额工程量

（二）内容讲解

1. 保温隔热屋面的清单工程量计算规则

清单中保温隔热屋面的工作内容包括：基层清理、刷黏结材料、铺贴保温层、刷防护材料。其清单工程量按设计图示尺寸以面积计算，扣除面积＞0.3m^2孔洞及占位面积。

2. 屋面防水层的清单工程量计算规则

清单中屋面防水层的工作内容包括：基层清理、刷底油、铺油毡卷材、接缝。其清单工程量按照按设计图示尺寸以面积计算。

（1）斜屋顶（不包括平屋顶找坡）按斜面积计算，平屋顶按水平投影面积计算；

（2）屋面的女儿墙、伸缩缝和天窗等处的弯起部分，并入屋面工程量内。

3. 保温隔热屋面的定额工程量计算规则

（1）屋面保温层区分不同材料按设计图示尺寸以立方米（屋面平面面积乘以保温层厚度）计算；

（2）屋面找平层按屋面净面积计算；

（3）屋面找坡层按屋面平面面积乘以找坡厚度计算。

4. 屋面防水层的定额工程量计算规则

同清单工程量计算规则。

5. 女儿墙装修的清单、定额工程量计算规则

同首层。

（三）完成任务

保温隔热屋面及女儿墙内装修的工程量计算表见表5-2。

表5-2　保温隔热屋面及女儿墙内装修的工程量计算表（参考建施-02、建施-08等）

构件名称	算量类别	清单编码	项目特征	算量名称	计算公式	工程量	单位
屋面	清单	011001001	保温隔热屋面	保温隔热屋面	（屋面平面面积）×2个屋面	243	m^2
	定额	子目1	水泥珍珠岩找2%坡，最薄处30厚	屋面找坡	屋面平面面积×找坡厚度	21.141	m^3
		子目2	50厚聚苯乙烯泡沫塑料板	保温层体积	屋面平面面积×保温厚度	12.15	m^3
	清单	011101006	20厚1∶3砂浆找平	找平层	（屋面平面面积）×2个屋面	243	m^2

续表

构件名称	算量类别	清单编码	项目特征	算量名称	计算公式	工程量	单位
屋面	定额	子目1	20厚1∶3砂浆找平	找平层	同上	243	m²
	清单	010902001	SBS防水层（3mm+3mm）	防水层面积（含卷边）	[（屋面平面面积）+（屋面周长）×卷边高度]×2个屋面	265.5	m²
	定额	子目1	SBS防水层（3mm+3mm）	防水层面积（含卷边）	同上	265.5	m²
	清单	011101006	20厚1∶3砂浆找平	找平层	（屋面平面面积）×2个屋面	243	m²
	定额	子目1	20厚1∶3砂浆找平	找平层	同上	243	m²
女儿墙装修	清单	011201001	1∶2.5水泥砂浆	抹灰面积	（女儿墙内墙周长）×女儿墙内侧高度+（小挑檐中心线长度）－小挑檐中心线到压顶中心线的距离×压顶宽度+（7、8轴线女儿墙顶面积）	41.818	m²
	定额	子目1	1∶2.5水泥砂浆	抹灰面积	同清单汇总	41.818	m²

女儿墙内装修的定额工程量做法见建施-08，B—B剖面（建筑）。其中女儿墙的装修将做到女儿墙顶部及突出女儿墙小挑檐的顶部。

第三节　室外装修工程量计算

一、屋面室外装修工程量计算

（一）布置任务

1. 根据图纸对屋面层室外装修进行列项（要求细化到工程量级别，即列出的分项能在清单中找出相应的编码，比如室外装修的清单项等）
2. 总结室外装修的各种清单、定额工程量计算规则
3. 计算屋面层室外装修的清单、定额工程量

（二）内容讲解

女儿墙外装修、外保温的清单工程量和定额工程量计算规则同首层。

（三）完成任务

女儿墙外装修的工程量计算表见表5-3。

表5-3 女儿墙外装修的工程量计算表（参考建施-02、建施-08、建施-09～11等）

构件名称	算量类别	清单编码	项目特征	算量名称	计算公式	工程量	单位
女儿墙（外）外墙1	清单	011201001	涂料墙面	墙面一般抹灰	（小挑檐中心线长度－小挑檐中心线到女儿墙外皮的距离×8）×女儿墙外侧高度+（小挑檐中心线长度×小挑檐宽度）+（小挑檐高度+小挑檐中心线到女儿墙外皮的距离×8）×小挑檐外皮高度	48.642	m^2
	定额	子目1	1、刮涂柔性耐水腻子	抹灰面积	同上	48.642	m^2
		子目2	2、喷（刷）外墙涂料	块料面积	同上	48.642	m^2
女儿墙外保温	清单	011001003	50厚聚苯颗粒保温	墙面一般抹灰	（X方向女儿墙外边线×2面+Y方向女儿墙外边线×2面+6、9轴凹进去长度×2）×保温层高度	35.8	m^2
	定额	子目1	50厚聚苯颗粒保温	墙面一般抹灰	同上	35.8	m^2

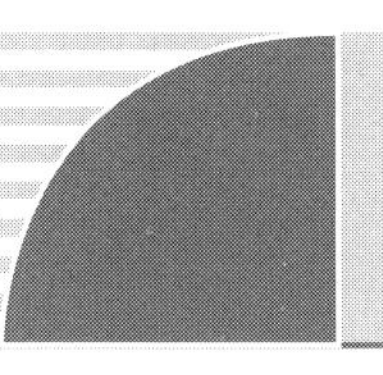

第六章

地下一层工程量手工计算

【能力目标】

掌握地下一层构件清单工程量和其对应的定额工程量计算规则，并根据这些规则手工计算各构件的工程量。

根据图纸，按照地下一层六大块分类来计算各个构件的工程量。

第一节　首层围护结构的工程量计算

一、门的工程量计算

（一）布置任务

1. 根据图纸对地下一层门进行列项（要求细化到工程量级别，即列出的分项能在清单中找出相应的编码，比如门要列出不同材质的门制安、油漆及门锁等）

2. 总结不同种类门的各种清单、定额工程量计算规则

3. 计算地下一层所有门的清单、定额工程量

（二）内容讲解

门的清单工程量和定额工程量计算规则同首层。

（三）完成任务

地下一层门工程量计算表见表6-1。

表6-1 地下一层门工程量计算表（参考建施-01、建施-03等）

构件名称	算量类别	项目编码	项目特征	算量名称	计算公式	工程量	单位
M0821	清单	010801001	胶合板门	洞口面积	洞口面积×数量	6.72	m^2
	定额	子目1	制作	框外围面积（或洞口面积）	同上	6.72	m^2
		子目2	运输		同上	6.72	m^2
		子目3	后塞口		同上	6.72	m^2
		子目4	油漆		同上	6.72	m^2
		子目5	五金	樘	数量	4	樘
M0921（防盗门）	清单	010801001	防盗门	洞口面积	洞口面积×数量	7.56	m^2
	定额	子目1	制安	框外围面积	同上	7.56	m^2
		子目2	后塞口		同上	7.56	m^2
M0921（胶合板门）	清单	010801001	胶合板门	洞口面积	洞口面积×数量	22.68	m^2
	定额	子目1	制作	框外围面积（或洞口面积）	同上	22.68	m^2
		子目2	运输		同上	22.68	m^2
		子目3	后塞口		同上	22.68	m^2
		子目4	油漆		同上	22.68	m^2
		子目5	五金	樘	数量	12	樘
M1523	清单	010801001	胶合板门	洞口面积	洞口面积×数量	13.8	m^2
	定额	子目1	制作	框外围面积（或洞口面积）	同上	13.8	m^2
		子目2	运输		同上	13.8	m^2
		子目3	后塞口		同上	13.8	m^2
		子目4	油漆		同上	13.8	m^2
		子目5	五金	樘	数量	4	樘

注：未考虑框扣尺寸，运输不发生不计。

二、窗的工程量计算

（一）布置任务

1. 根据图纸对地下一层窗进行列项（要求细化到工程量级别，即列出的分项能在清单中找出相应的编码，比如窗要列出不同材质的窗安装等）

2. 总结不同种类窗的各种清单、定额工程量计算规则

3. 计算地下一层所有窗的清单、定额工程量

（二）内容讲解

窗的清单工程量和定额工程量计算规则同首层。

（三）完成任务

地下一层窗的工程量计算表见表6-2。

表6-2　地下一层窗的工程量计算表（参考建施-01、建施-03等）

构件名称	算量类别	编码	项目特征	算量名称	计算公式	工程量	单位
C1206	清单	010807001	塑钢窗	洞口面积	洞口面积×数量	2.88	m^2
	定额	子目1	制作	洞口面积	同上	2.88	m^2
		子目2	运输		同上	2.88	m^2
		子目3	后塞口		同上	2.88	m^2
C2506	清单	010807001	塑钢窗	洞口面积	窗框外围面积×数量	12	m^2
	定额	子目1	制作	洞口面积	同上	12	m^2
		子目2	运输		同上	12	m^2
		子目3	后塞口		同上	12	m^2

三、剪力墙的工程量计算

（一）布置任务

1. 根据图纸对地下一层剪力墙进行列项（要求细化到工程量级别，即列出的分项能在清单中找出相应的编码，比如剪力墙要列出混凝土墙和模板等）

2. 总结剪力墙的各种清单、定额工程量计算规则

3. 计算地下一层所有剪力墙的清单、定额工程量

（二）内容讲解

剪力墙的混凝土、模板的清单工程量和定额工程量计算规则同首层。

（三）完成任务

在计算地下一层墙体之前，需要先计算外墙中心线和内墙净长线，见表6-3。

表6-3 地下一层墙长度计算表（参考建施-03等） 单位：m

序号	位置		计算公式	长度	墙长	墙高
1	外墙中心线长	1、7、8、14轴线		39.6	90	2.8
		E/1-7、E/8-14		22.8		
		B/1-2、B/6-7、B/8-9、B/13-14		8.4		
		2/A-B、6/A-B、9/A-B、13/A-B		4.8		
		A/2-6、A/9-13		14.4		
2	内墙200净长	3/D-E、5/D-E、10/D-E、12/D-E		19.6	86.8	2.8
		D/1-7、D/8-14		22.4		
		C/1-7、C/8-14		22.4		
		4/A-D、11/A-D		11.2		
		2/B-C、6/B-C、9/B-C、13/B-C		11.2		
3	内墙隔断100净长	C-D轴线之间、储藏间1内		19.8	19.8	2.8

【温馨提示】

C/1-7被4/A-D截断，重合部分不算；在4/A-D、11/A-D处通算其长度。

接下来就可以计算地下一层墙体工程量了，见表6-4。

表6-4 地下一层剪力墙工程量计算表（参考建施-03等）

构件名称	算量类别	清单编码	项目特征	算量名称	墙位置	计算公式	工程量	单位
外墙JLQ200	清单	010504001	C30钢筋混凝土	体积	所有外墙	（外墙中心线中长×墙高×墙厚）-（C2506洞口所占体积）×数量-（C1206洞口所占面积）×数量-［楼梯间门所占体积］×数量	47.04	m³
	定额	子目1	C30钢筋混凝土	体积	所有外墙	同上	47.04	m³

续表

构件名称	算量类别	清单编码	项目特征	算量名称	墙位置	计算公式	工程量	单位
外墙JLQ200	清单	011702011	普通模板	模板面积	1、7、8、14轴线	[(1轴线墙内外侧长度)×墙高－(相交墙所占的面积×2)－板头所占面积]×数量	212.816	(462.144) m³
					E/1-7、E/8-14轴线	{(E/1-7轴线墙内外长度)×墙高－(楼梯间门所占面积)×2面+(楼梯间门侧壁面积)－(C2506所占面积)×4面+[C2506侧壁面积]－(墙相交面积)×2个]－(板头所占面积)－阳台板与墙相交面积}×数量	111.168	
					B/1-2、B/6-7、B/8-9、B/13-14轴线	[(B/1-2轴线墙内外长度)×墙高－(C1206洞口所占面积)×2面+C1206侧壁面积－(扣板头所占面积)]×数量	41.008	
					2/A-B、6/A-B、9/A-B、13/A-B轴线	[(2/A-B轴线墙内外侧长度)×墙高－(板头所占面积)]×数量	26.304	
					A/2-6、A/9-13轴线	[(A/2-6轴线墙内外侧长度－相交墙所占长度)×墙高－(C2506洞所占面积)×2个+(C2506洞侧壁所占面积)×2个－(板头所占面积)]×数量	70.848	
	定额	子目1	普通模板	模板面积		同清单汇总	462.144	m²
内墙JLQ200	清单	010504001	C30钢筋混凝土	体积		(内墙长×墙高×墙厚)－(M0921所占面积×墙厚)×数量－(M1523所占面积×墙厚)×数量	41.312	m³
	定额	子目1	C30钢筋混凝土	体积	所有内墙	同上	41.312	m³
	清单	011702011	普通模板	模板面积	3/D-E、5/D-E、10/D-E、12/D-E轴线	[(3/D-E墙内外侧长度)×墙高－(M0921所占面积)+(M0921三面侧壁所占面积)－(板头所占面积)]×数量	95.916	(403.916) m²
					D/1-7、D/8-14轴线	[(D/1-7轴线内外侧长度)×墙高－(相交墙所占长度)×3个－(M1523洞口所占面积)×2个+(M1523三面侧壁所占面积)×2个－(D/1-3轴线板头所占面积)×2个－(D/1-4板头所占面积)×2个－(楼梯间板头所占面积)]×数量	94.24	

续表

构件名称	算量类别	清单编码	项目特征	算量名称	墙位置	计算公式	工程量	单位
内墙JLQ200	清单	011702011	普通模板	模板面积	C/1-7、C/8-14轴线	［（C/1-7轴线墙内外长度）×墙高－（M0921所占面积）×4个＋（M0921三面侧壁所占面积）×4个－（相交墙宽度所占长度）×4个－（C/1-2轴线板头所占面积）×2个－（C/2-4轴线板头所占面积）×2个－（C/1-4板头所占面积）×2个］×数量	93.696	（403.916）m²
					4/A-D、11/A-D	［（4/A-D轴线墙内外长度）×墙高－（墙相交面积）－（4/A-C轴线板头所占面积）×2个－（C-D轴线之间板头所占面积）×2个］×数量	60.032	
					2/B-C、6/B-C、9/B-C、13/B-C轴线	［（2/B-C轴线墙内外长度）×墙高－（2/B-C轴线板头所占面积）×2］×数量	60.032	
	定额	子目1	普通模板	模板面积	所有内墙	同清单汇总	403.916	m²
内墙TBQ100	清单	011210005	条板墙	面积		100厚隔断总长×（墙高－板厚）－（M0921所占面积）×数量－（M0821所占面积）×数量	38.784	m³
	定额	子目1	条板墙	面积	卫生间隔断	同上	38.784	m³

第二节　顶部结构工程量计算

一、板的工程量计算

由于地下一层的顶部结构只有板，所以只需要对板进行计算即可。

（一）布置任务

1. 根据图纸对地下一层板进行列项（要求细化到工程量级别，即列出的分项能在清单中找出相应的编码，比如板要列出板的清单项以及模板、脚手架等）
2. 总结板的各种清单、定额工程量计算规则
3. 计算地下一层所有板的清单、定额工程量

（二）内容讲解

板的混凝土、模板的清单工程量和定额工程量计算规则同首层。

（三）完成任务

地下一层板工程量计算表见表6-5。

表6-5 地下一层板工程量计算表（参考结施-09等）

构件名称	算量类别	清单编码	项目特征	算量名称	位置	计算公式	工程量	单位
B120	清单	010505003	C30	体积	E-D/1-3、E-D/5-7、E-D/8-10、E-D/12-14	［客厅顶板净面积×板厚］×数量	9.408	（22.714）m³
					C-D/1-4、C-D/4-7、C-D/8-11、C-D/11-14	［过道卫生间顶板净面积×板厚］×数量	4.224	
					B-C/1-2、B-C/6-7、B-C/8-9、B-C/13-14	［B-C/1-2轴线顶板净面积×板厚］×数量	2.554	
					A-C/2-4、A-C/4-6、A-C/9-11、A-C/11-13	［A-C/2-4轴线顶板净面积×板厚］×数量	6.528	
	定额	子目1	C30	体积		同清单汇总	22.714	m³
	清单	011702016	普通模板	普通模板	E-D/1-3、E-D/5-7、E-D/8-10、E-D/12-14	［E-D/1-3轴线顶板净面积］×数量	78.4	（189.28）m²
					C-D/1-4、C-D/4-7、C-D/8-11、C-D/11-14	［C-D/1-4轴线顶板净面积］×数量	35.2	
					B-C/1-2、B-C/6-7、B-C/8-9、B-C/13-14	［B-C/1-2轴线顶板净面积］×数量	21.28	
					A-C/2-4、A-C/4-6、A-C/9-11、A-C/11-13	［A-C/2-4轴线顶板净面积］×数量	54.4	
	定额	子目1	普通模板	模板面积		同清单汇总	189.28	m²
B100	清单	010505003	C30	体积	楼层平台板	［楼梯间楼层平台顶板净面积×板厚］×数量	0.633	m³
	定额	子目1	C30	体积	楼层平台板	同上	0.633	m³
	清单	011702016	普通模板	模板面积	楼层平台板	［楼梯间楼层平台顶板净面积］×数量	6.328	m²
	定额	子目1	普通模板	模板面积	楼层平台板	同上	6.328	m²

续表

构件名称	算量类别	清单编码	项目特征	算量名称	位置	计算公式	工程量	单位
B120	清单	010505003	C30	体积	阳台板	（阳台长）×（阳台宽）×阳台厚×数量	3.168	m³
	定额	子目1	C30	体积	阳台板	同上	3.168	m³
	清单	011702016	普通模板	模板面积	阳台板	[（阳台板长）×阳台板宽+（阳台板三面周长）×阳台板厚]×数量	29.952	m^2
	定额	子目1	普通模板	模板面积	阳台板	同上	29.952	m^2

第三节　室内结构工程量计算

一、楼梯的工程量计算

由于地下一层的室内结构只有楼梯，所以只需要对楼梯进行计算即可。

（一）布置任务

1. 根据图纸对地下一层楼梯进行列项（要求细化到工程量级别，即列出的分项能在清单中找出相应的编码，比如楼梯要列出楼梯的清单项及模板清单项等，以及楼梯的顶部装修部分的清单项）
2. 总结楼梯的各种清单、定额工程量计算规则
3. 计算地下一层所有楼梯的清单、定额工程量

（二）内容讲解

楼梯的混凝土、模板的清单工程量和定额工程量计算规则同首层。

（三）完成任务

地下一层楼梯的工程量计算表见表6-6。

表6-6　地下一层楼梯的工程量计算表（参考建施-13、结施-12等）

构件名称	算量类别	清单编码	项目特征	算量名称	计算公式	工程量	单位
楼梯	清单	010506001	混凝土C30	水平投影面积	楼梯水平投影面积	21.112	m^2
	定额	子目1	混凝土C30	水平投影面积	同上	21.112	m^2

续表

构件名称	算量类别	清单编码	项目特征	算量名称	计算公式	工程量	单位
楼梯	清单	011702024	普通模板	模板面积	楼梯水平投影面积	21.112	m^2
	定额	子目1	普通模板	水平投影面积	同上	21.112	m^2
楼梯面层装修	清单	011106002	防滑地砖	水平投影面积	楼梯水平投影面积	21.112	m^2
	定额	子目1	防滑地砖	水平投影面积	同上	21.112	m^2
楼梯底部装修	清单	011301001	刮耐水腻子、耐擦洗涂料	底部实际面积	楼梯水平投影面积×长度经验系数	24.913	m^2
	定额	子目1	刮耐水腻子	底部实际面积（天棚抹灰）	楼梯水平投影面积×长度经验系数	24.913	m^2
		子目2	耐擦洗涂料	底部实际面积（天棚涂料）	同上	24.913	m^2

第四节 室内装修工程量计算

室内装修分房间来计算，从建施-03可以看出，地下一层房间有楼梯间、过道、储藏室，下面分别计算。

一、地下一层楼梯间楼室内装修工程量计算

（一）布置任务

1. 根据图纸对地下一层楼梯间进行列项（要求细化到工程量级别，即列出的分项能在清单中找出相应的编码，比如楼梯间平台装修的清单项及模板清单项等）
2. 总结楼梯间装修的各种清单、定额工程量计算规则
3. 计算地下一层楼梯间装修的清单、定额工程量

（二）内容讲解

地下一层楼梯间室内装修各构件的清单工程量和定额工程量计算规则同首层。

（三）完成任务

地下一层楼梯间装修的工程量计算表见表6-7。

表6-7　地下一层楼梯间装修的工程量计算表（参考建施-02、建施-13等）

构件名称	算量类别	清单编码	项目特征	算量名称	位置	计算公式	工程量	单位
地面1	清单	011101001	水泥砂浆楼地面	地面积	整个楼梯间	[（楼梯间房间净长）×（楼梯间净宽）]×数量	27.44	m^2
	定额	子目1	水泥砂浆楼地面	地面积	整个楼梯间	同上	27.44	m^2
	清单	010501001	100厚的C10混凝土垫层	体积	整个楼梯间	楼梯间净面积×垫层厚度	2.744	m^3
	定额	子目2	100厚的C10混凝土垫层	体积	整个楼梯间	同上	2.744	m^3
踢脚1	清单	011105001	水泥砂浆踢脚线	踢脚长度	整个楼梯间	[（房间净长+房间净宽）×2-M0921宽度×2+M0921侧壁×数量]×数量	28	m
	定额	子目1	水泥砂浆踢脚线	踢脚长度	整个楼梯间	同上	28	m
墙面	清单	011201002	涂料墙面	墙面抹灰面积	楼层平台处	[（楼层平台三面周长）×（墙净高）-M0921洞口面积×数量]×数量	19.764	（75.748）m^2
					楼梯间楼梯处	[（楼梯间楼梯处三面周长）×层高-M1221伸入标高-0.1以下部分面积]×数量	55.984	
	定额	子目1	刮腻子面积	墙面抹灰面积	整个楼梯间	同清单汇总	75.748	m^2
		子目2	墙面刷涂料	墙面块料面积	楼层平台处	[（楼层平台三面周长）×（墙净高-踢脚高）-M0921洞口面积×数量-M0921洞口侧壁面积×数量]×数量	20.792	（77.336）m^2
				墙面块料面积	楼梯间楼梯处	[（楼梯间楼梯处三面周长）×层高-M1221伸入标高-0.1以下部分面积+M1221伸入标高-0.1以下部分侧壁面积]×数量	56.544	
顶棚	清单	011301001	耐擦洗涂料	天棚抹灰面积	楼层平台处	长度×宽度×数量	6.328	m^2
	定额	子目1	刮耐水腻子	天棚抹灰面积	楼层平台处	同上	6.328	m^2
		子目2	耐擦洗涂料	天棚抹灰面积	楼层平台处	同上	6.328	m^2

二、地下一层过道装修工程量计算

（一）布置任务

1. 根据图纸对地下一层过道装修进行列项（要求细化到工程量级别，即列出的分项能在清单中找出相应的编码，比如过道地面、墙面及天棚装修的清单项等）

2. 总结地下一层过道装修的各种清单、定额工程量计算规则

3. 计算地下一层过道装修的清单、定额工程量

（二）内容讲解

地下一层过道室内装修各构件的清单工程量和定额工程量计算规则同首层。

（三）完成任务

地下一层过道装修的工程量计算表见表6-8。

表6-8 地下一层过道装修的工程量计算表（参考建施-01、建施-02、建施-03）

房间位置	构件名称	算量类别	清单编码	项目特征	算量名称	计算公式	工程量	单位
过道	地面1	清单	011101001	水泥砂浆楼地面	房间净面积	[（过道净长）×（过道净宽）+（门厅净长）×（门厅净宽）]×数量	30.9	m²
		定额	子目1	地面水泥砂浆面积	房间净面积	同上	30.9	m²
		清单	010501001	100厚的C10混凝土垫层	垫层体积	房间净面积×垫层厚度	3.09	m³
		定额	子目1	100厚的C10混凝土垫层	垫层体积	同上	3.09	m³
	踢脚1	清单	011105001	水泥砂浆踢脚线	踢脚长度	[（过道与门厅房间净周长）-M0921宽度×4+4个M0921侧壁-M0821宽度+M0821侧壁-M1523宽度×2+M1523侧壁×2]×数量	40.8	m
		定额	子目1	水泥砂浆踢脚	踢脚长度	同上	40.8	m
	内墙面1	清单	011201002	墙面装饰抹灰	墙面抹灰面积	{[过道与门厅房间净周长]×（墙高-板厚）-M0921面积×4个-M0821面积-M1523面积×2面}×数量	111.248	m²
		定额	子目1	刮腻子面积	墙面抹灰面积	同上	111.248	m²
			子目2	涂料面积	墙面块料面积	[过道与门厅净周长×（层高-板厚-踢脚）-M0921面积×4个-M0821面积-M1523×2面+100厚墙M0921侧壁+200厚墙M0921侧壁×3个+M0821侧壁+M1523侧壁]×数量	120.188	m²

续表

房间位置	构件名称	算量类别	清单编码	项目特征	算量名称	计算公式	工程量	单位
过道	顶棚	清单	011301001	耐擦洗涂料	天棚抹灰面积	[(过道净长)×(过道净宽)+(门厅净长)×(门厅净宽)]×数量	30.9	m²
		定额	子目1	刮耐水腻子	天棚抹灰面积	同上	30.9	m²
			子目2	耐擦洗涂料	天棚抹灰面积	同上	30.9	m²

【温馨提示】

过道净长计算见建施－04中画圈的数字，门厅净长计算见建施－03中画圈的数字。

三、地下一层储藏室装修工程量计算

（一）布置任务

1. 根据图纸对地下一层储藏室装修进行列项（要求细化到工程量级别，即列出的分项能在清单中找出相应的编码，比如客厅地面、墙面及天棚装修的清单项等）
2. 总结地下一层储藏室装修的各种清单、定额工程量计算规则
3. 计算地下一层储藏室装修的清单、定额工程量

（二）内容讲解

地下一层储藏室室内装修各构件的清单工程量和定额工程量计算规则同首层。

（三）完成任务

地下一层储藏室装修的工程量计算表见表6-9。

表6-9 地下一层储藏间装修的工程量计算表（参考建施－01、建施－02、建施－03）

构件名称	算量类别	清单编码	项目特征	算量名称	位置	计算公式	工程量	单位
储藏间地面1	清单	011101001	水泥砂浆楼地面	地面积	D-E/1-3	[(房间净宽)×(房间净长)－(门厅长)×(门厅宽)]×数量	67.6	(156.4) m²
					C-D过道旁储藏间	(房间净长)×(房间净宽)×数量	13.12	
					B-C/1-2	(房间净宽)×(房间净长)×数量	21.28	

续表

构件名称	算量类别	清单编码	项目特征	算量名称	位置	计算公式	工程量	单位
储藏间地面1	清单	011101001	水泥砂浆楼地面	地面积	A-C/2-4	（房间净宽）×（房间净长）×数量	54.4	（156.4）m^2
	定额	子目1	水泥砂浆楼地面	地面积	储藏间	同清单汇总	156.4	m^2
	清单	010501001	100厚的C10混凝土垫层	垫层体积	储藏间	储藏间底面积×垫层厚度	15.64	m^3
	定额	子目1	100厚的C10混凝土垫层	垫层体积	储藏间	同上	15.64	m^3
踢脚1	清单	011105001	水泥砂浆踢脚	踢脚长度	D-E/1-3	[（房间净长+房间净宽）×2−M0921宽度+M0921侧壁×2]×数量	68	（185.6）m
					C-D过道旁储藏间	[（房间净宽）+（房间净长）]×2−M0821宽度+M0821侧壁×2}×数量	26.4	
					B-C/1-2	[（房间净宽）+（房间净长）]×2−M0921宽度+M0921侧壁×2]×数量	34.8	
					A-C/2-4	[（房间净宽）+（房间净长）]×2−M0921宽度+M0921侧壁×2]×数量	56.4	
	定额	子目1	水泥砂浆踢脚	踢脚长度	储藏间	同清单汇总	185.6	m
内墙面1	清单	011201002	墙面装饰抹灰	墙面抹灰面积	D-E/1-3	[房间内周长×（墙净高）−M0921洞口面积−C2506洞口面积]×数量	177.256	（484.216）m^2
					C-D过道旁储藏间	[房间净周长×（墙净高）−M0821洞口面积]×数量	71.536	
					B-C/1-2	[房间净周长×（墙净高）−M0921洞口面积−C1206洞口面积]×数量	90.328	
					A-C/2-4	[房间净周长×（墙净高）−M0921面积−C2506面积]×数量	145.096	

续表

构件名称	算量类别	清单编码	项目特征	算量名称	位置	计算公式	工程量	单位
内墙面1	定额	子目1	腻子面积	墙面抹灰面积	储藏间	同清单汇总	484.216	m^2
		子目2	刷涂料	墙面块料面积	D-E/1-3	[房间内周长×（墙净高－踢脚）−M0921洞口面积−C2506洞口面积+M0921洞口侧壁面积+C2506洞口侧壁面积]×数量	173.956	（478.156）m^2
					C-D过道旁储藏间	[房间净周长×（墙净高－踢脚）−M0821洞口面积+M0821洞口侧壁面积]×数量	69.896	
					B-C/1-2	[房间净周长×（墙净高）−M0921洞口面积−C1206洞口面积+M0921洞口侧壁面积+C1206洞口侧壁面积]×数量	90.328	
					A-C/2-4	[房间净周长×（墙净高－踢脚）−M0921面积−C2506面积+M0921侧壁面积+C2506侧壁面积]×数量	143.976	
顶棚	清单	011301001	天棚抹灰	天棚抹灰面积	D-E/1-3	[（房间净宽）×（房间净长）−（门厅长）×（门厅宽）]×数量	67.6	（156.4）m^2
					C-D过道旁储藏间	（房间净长）×（房间净宽）×数量	13.12	
					B-C/1-2	（房间净宽）×（房间净长）×数量	21.28	
					A-C/2-4	（房间净宽）×（房间净长）×数量	54.4	
	定额	子目1	刮耐水腻子	天棚抹灰面积	储藏间	同清单汇总	156.4	m^2
		子目2	耐擦洗涂料	天棚抹灰面积	储藏间	同清单汇总	156.4	m^2

第五节　室外装修工程量计算

一、地下一层室外防水工程量计算

由建施-02可知，地下一层的室外装修主要做防水工程。

（一）布置任务

1. 根据图纸对地下一层室外装修进行列项（要求细化到工程量级别，即列出的分项能在清单中找出相应的编码，比如室外防水的清单项等）
2. 总结室外防水的各种清单、定额工程量计算规则
3. 计算地下一层室外防水的清单、定额工程量

（二）内容讲解

1. 墙面卷材防水的清单工程量计算规则

按设计图示尺寸以面积计算。

2. 墙面卷材防水的定额工程量计算规则

同清单计算规则。

（三）完成任务

地下一层室外防水工程量计算表见表6-10。

表6-10　地下一层室外防水工程量计算表（参考建施-02、建施-03、建施-12等）

构件名称	算量类别	清单编码	项目特征	算量名称	位置	计算公式	工程量	单位
外墙面	清单	010903001	底层抹灰，中层防水，面层保护（包含基础侧面防水）	外墙防水面积	1/B-E	外墙墙面长度×外墙墙面高度×数量	46.46	（164.22）m²
					B/1-2	外墙墙面长度×外墙墙面高度×数量	19.32	
					2/A-B	外墙墙面长度×外墙墙面高度×数量	11.04	
					A/2-6	外墙墙面长度×外墙墙面高度×数量	34.04	
					E/1-7	外墙墙面长度×外墙墙面高度×数量	53.36	
	定额	子目1	抹灰层	外墙防水面积		同清单防水面积合计	164.22	m²
		子目2	防水层	外墙防水面积		同清单防水面积合计	164.22	m²
		子目3	保护层	外墙防水面积		同清单防水面积合计	164.22	m²

【温馨提示】

地下一层的防水具体做法见建施-02，外墙防水面积包含基础侧面防水。

第七章

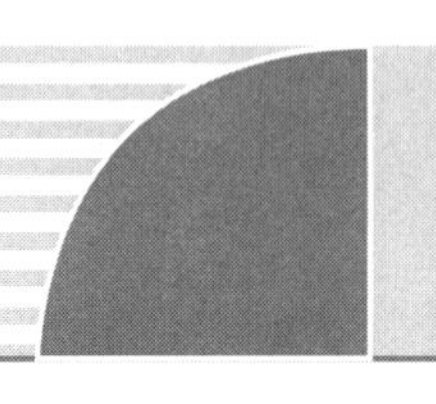

基础层工程量手工计算

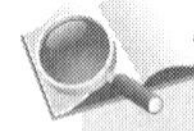

【能力目标】

掌握基础层构件清单工程量和其对应的计价工程量计算规则，并根据这些规则手工计算各构件的工程量。

有了前面几章的基础，基础层的计算也将变得简单，不过基础层的构造和之前的完全不同，需要大家接着仔细学习下去。下面根据图纸，按照基础层三大块分类来计算各个构件的工程量。

第一节　底部结构的工程量计算

一、大开挖土方的工程量计算

（一）布置任务

1. 根据图纸对基础层大开挖土方进行列项（要求细化到工程量级别，即列出的分项能在清单中找出相应的编码。）

2. 总结不同种类土方开挖的各种清单、定额工程量计算规则

3. 计算基础层所有开挖土方的清单、定额工程量

（二）内容讲解

1. 挖土方的清单工程量计算规则

按设计图示尺寸以体积计算。

2. 挖土方的定额工程量计算规则

同清单计算规则。

（三）完成任务

按照土方实际放坡体积计算的基础层大开挖土方工程量计算见表7-1。

表7-1 基础土方工程量计算表（按照实际放坡计算，参考结施工-02、建施-12）

构件名称	算量类别	清单编码	项目特征	算量名称	计算公式	工程量	单位
大开挖土方	清单	010101002	机械开挖三类土	大开挖底面积	（Y方向含工作面总长）×（X方向含工作面总长）-（左右两头多算部分）×2-（6-9轴多算部分）	328.69	m^2
				大开挖顶面积	（Y方向含工作面总长）×（X方向含工作面总长）-（左右两头多算部分）×2-（6-9轴多算部分）	379.368	m^2
				按放坡计算挖土方实际体积	1/3×基坑开挖深度×［大开挖底面积+SQRT（大开挖底面积×大开挖顶面积）+大开挖顶面积］	873.7	m^3
	定额	子目1	机械开挖三类土	定额挖土体积	同上	873.7	m^3

【温馨提示】

根据《房屋建筑与装饰工程工程量计算规范》GB 50854—2013，基础垂直面做防水每边各增加工作面宽度是1000mm，基坑开挖的深度要考虑70mm厚的防水层（具体尺寸见建施-02）。

二、基础垫层的工程量计算

（一）布置任务

1. 根据图纸对基础层基础垫层进行列项（要求细化到工程量级别，即列出的分项能在清单中找出相应的编码）
2. 总结不同种类基础垫层的各种清单、定额工程量计算规则
3. 计算基础层所有基础垫层的清单、定额工程量

（二）内容讲解

1. 基础垫层的混凝土清单工程量计算规则

按设计图示尺寸以体积计算。不扣除伸入承台基础的桩头所占体积。

2. 基础垫层的模板清单工程量计算规则

按模板与混凝土基础垫层的接触面积计算。

3. 基础垫层的混凝土和模板的定额工程量计算规则

同清单计算规则。

（三）完成任务

基础垫层工程量计算见表7-2。

表7-2 基础垫层工程量计算表（参考结施-02等）

构件名称	构件类别	算量类别	清单编码	项目特征	算量名称	计算公式	工程量	单位
垫层	垫层体积	清单	010501001	C15混凝土	垫层体积	[（Y方向垫层总长）×（X方向垫层总长）－（左右两端多算部分）×2－（6-9轴线多算部分）]×垫层厚度	26.029	m^3
		定额	子目1	C15混凝土	垫层体积	同上	26.029	m^3
	垫层模板面积	清单	011702001	普通模板	垫层模板	[（Y方向垫层总长）×2+（X方向垫层总长）×2+（6、9轴线凹进去部分）]×垫层厚度	7.24	m^3
		定额	子目1	普通模板	垫层模板	同上	7.24	m^2

三、筏板基础的工程量计算

（一）布置任务

1.根据图纸对基础层筏板基础进行列项（要求细化到工程量级别，即列出的分项能在清单中找出相应的编码）

2.总结不同种类筏板基础的各种清单、定额工程量计算规则

3.计算基础层所有筏板基础的清单、定额工程量

（二）内容讲解

1.筏板基础的混凝土清单工程量计算规则

按设计图示尺寸以体积计算。不扣除伸入承台基础的桩头所占体积。

2.筏板基础的模板清单工程量计算规则

按模板与混凝土筏板基础的接触面积计算。

3.筏板基础的混凝土和模板定额工程量计算规则

同清单计算规则。

（三）完成任务

筏板基础工程量计算表见表7-3。

表7-3 筏板基础工程量计算表（参考结施-02等）

构件名称	算量类别	编码	项目特征	算量名称	计算公式	工程量	单位
筏板基础	清单			筏基底面积	（Y方向筏板基础总长）×（X方向筏板基础总长）－（左右两头多算部分）×2－（6-9轴线多算部分）	253.09	m^2
		010501004	C30	筏基体积	筏基底面积×筏板基础厚度	151.854	m^2

续表

构件名称	算量类别	编码	项目特征	算量名称	计算公式	工程量	单位
筏板基础	定额	子目1	C30	筏基体积	同上	151.854	m^3
	清单	011702001	普通模板	筏基模板	[(X方向筏板基础总长)×2边+(Y方向筏板基础总长)×2边+(6、9轴线凹进去部分)]×筏板基础厚度	42.96	m^3
	定额	子目1	普通模板	筏基模板	同上	42.96	m^2

第二节 室外结构的工程量计算

一、基础回填土的工程量计算

(一)布置任务

1. 根据图纸对基础层回填土进行列项(要求细化到工程量级别,即列出的分项能在清单中找出相应的编码)

2. 总结不同种类基础回填土的各种清单、定额工程量计算规则

3. 计算基础层所有基础回填土的清单、定额工程量

(二)内容讲解

1. 基础回填土清单工程量计算规则

按设计图示尺寸以体积计算。基础回填按照挖方清单项目工程量减去自然地坪以下埋设的基础体积(含基础垫层)。

2. 基础回填土的定额工程量计算规则

同清单计算规则。

(三)完成任务

基础回填土工程量计算表见表7-4。

表7-4 基础回填土工程量计算表(参考结施-02、建施-02、建施-04、建施-12)

构件名称	算量类别	清单编码	项目特征	算量名称	计算公式	工程量	单位
土方回填	清单	010103001	回填三类土	室外地坪以下回填土	清单大开挖土方体积-垫层体积-筏板基础体积-地下一层总面积×地下一层埋入地下深度-防水层体积	247.848	m^3
	定额	子目1	回填三类土	按实际挖方计算回填土	同上	247.848	m^3
余土外运	清单	010103002	余土外运	外运体积	大开挖土方量-回填土体积	625.85	m^3
	定额	子目1	余土外运	按实际挖方计算	同上	625.85	m^3

第三节 室外装修的工程量计算

基础室外装修只包括基础底防水，基础侧防水在地下室外墙防水已经计算了，在此不再考虑。

一、基础防水的工程量计算

（一）布置任务

1. 根据图纸对基础底防水进行列项（要求细化到工程量级别，即列出的分项能在清单中找出相应的编码）
2. 总结基础底防水的各种清单、定额工程量计算规则
3. 计算基础底防水的清单、定额工程量

（二）内容讲解

1. 基础底防水清单工程量计算规则

按设计图示尺寸以面积计算。

2. 基础底防水定额工程量计算规则

同清单计算规则。

（三）完成任务

基础防水工程量计算表见表7-5。

表7-5 基础防水工程量计算表（参考建施-12）

构件名称	算量类别	编码	项目特征	算量名称	计算公式	工程量	单位
基础底防水	清单	010904002	SBS改性沥青防水层	筏基底面积	（Y方向筏板基础总长）×（X方向筏板基础总长）−（左右两头多算部分）×2−（6-9轴线多算部分）	253.09	m^2
	定额	子目1	50厚细石混凝土保护层	筏基底面积	同上	253.09	m^2
		子目2	SBS改性沥青防水层	筏基侧面积	同上	253.09	m^2
	清单	11101006	1∶2水泥砂浆找平层	筏基侧面积	（Y方向筏板基础总长）×（X方向筏板基础总长）−（左右两头多算部分）×2−（6-9轴线多算部分）	253.09	m^2
	定额	子目3	1∶2水泥砂浆找平层	筏基侧面积	同上	253.09	m^2

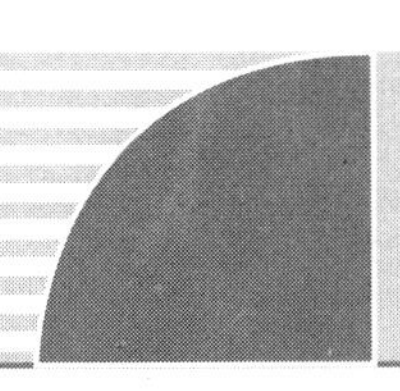

第八章

其他项目工程量手工计算

【能力目标】

掌握其他构件清单工程量和其对应的定额工程量计算规则，并根据这些规则手工计算各构件的工程量。

前面已经计算了1号住宅楼从基础层到屋面层六大块的工程量，还有一些工程量归不到六大块里面，如建筑面积、脚手架、落水管等，接下来的一章将重点介绍剩下的项目工程量的计算。

第一节　楼梯栏杆的工程量计算

一、楼梯栏杆的工程量计算

(一) 布置任务

1. 根据图纸对整楼的楼梯栏杆进行列项（要求细化到工程量级别，即列出的分项能在清单中找出相应的编码）

2. 总结楼梯栏杆的各种清单、定额工程量计算规则

3. 计算整楼楼梯栏杆的清单、定额工程量

(二) 内容讲解

1. 硬木扶手、栏杆、栏板的清单工程量计算规则

按设计图示以扶手中心线长度（包括弯头长度）计算。

2. 硬木扶手、栏杆、栏板的定额工程量计算规则

各个地区不同，但是大概有以下几种规则：

（1）按实际长度计算；

（2）按实际面积计算；

（3）按扶手投影长度计算；

（4）按扶手投影长度乘以栏杆高度计算。

扶手、栏杆、栏板按设计图示尺寸以扶手中心线长度计算。

（三）完成任务

楼梯栏杆的工程量计算表见表8-1。

表8-1 楼梯栏杆的工程量计算表（参考建施-13等）

构件名称	算量类别	编码	项目特征	算量名称	计算公式	工程量	单位
楼梯栏杆	清单	011503002	铁栏杆带木扶手	实际长度	起步平段+（斜段实际长度）+拐头长度×9+四层顶平段长度	33.789	m
	定额	子目1（按实际长度计算地区使用）	铁栏杆带木扶手	实际长度	同上	33.789	m
		子目2（按实际面积计算地区使用）	铁栏杆带木扶手	实际面积	扶手实际长度×栏杆高度	30.41	m^2
		子目3（按扶手投影长度计算地区使用）	木扶手	扶手长度	扶手投影长度	30.171	m
		子目4（按扶手投影长度乘以栏杆高度计算地区使用）	铁栏杆带木扶手	扶手长度	扶手投影长度	27.154	m^2

【温馨提示】

楼梯栏杆有平段长度，有斜段长度，斜段长度可以采用水平投影长度乘以斜度系数的方法，但都不如直接从图纸上量的方法简单。在实际中如果有cad图直接从cad图上量，没有cad图可以采用在图纸上量，按图纸比例计算成实际尺寸。

第二节 落水管的工程量计算

一、楼梯栏杆的工程量计算

（一）布置任务

1. 根据图纸对整楼的落水管进行列项（要求细化到工程量级别，即列出的分项能在清单中找出相应的编码）
2. 总结落水管的各种清单、定额工程量计算规则
3. 计算整楼落水管的清单、定额工程量

（二）内容讲解

1. 排水管的清单工程量计算规则

排水管的清单工程量的工作内容包括：排水管及配件安装、固定；雨水斗、山墙出水

口、雨水箅子安装；接缝、嵌缝；刷漆。其清单工程量按设计图示尺寸以长度计算。如设计未标注尺寸，以檐口至设计室外散水上表面垂直距离计算。

2.排水管的定额工程量计算规则

排水管的长度同清单计算规则，弯头、铸铁雨水口和水斗按个数计算。

（三）完成任务

落水管的工程量计算表见表8-2。

表8–2　落水管的工程量计算表（参考建施–08等）

构件名称	算量类别	编码	项目特征	算量名称	计算公式	工程量	单位
落水管	清单	010902004	材质：PVC	长度	长度（屋面层顶标高算至室外地坪）×根数	121.6	m
	定额	子目1	水管材质：PVC	长度	同上	121.6	m
		子目2	PVC弯头	个数	按设计图纸以个数计算	8	个
		子目3	铸铁雨水口	个数	同上	8	个
		子目4	PVC水斗	个数	同上	8	个

【温馨提示】

在落水管的清单项内容要求中有：①排水管及配件安装、固定；②雨水斗、山墙出水口、雨水箅子安装；③接缝、嵌缝；④刷漆。因此在所列定额子目中应分别标示清楚。

第三节　墙体及屋面伸缩缝的工程量计算

一、墙体及屋面伸缩缝的工程量计算

（一）布置任务

1.根据图纸对整楼的伸缩缝进行列项（要求细化到工程量级别，即列出的分项能在清单中找出相应的编码）

2.总结伸缩缝的各种清单、定额工程量计算规则

3.计算整楼伸缩缝的清单、定额工程量

（二）内容讲解

1.伸缩缝的清单工程量计算规则

伸缩缝包括屋面伸缩缝和墙面伸缩缝，其工作内容都包括：清缝；填塞防水材料；止水带安装；盖缝制作、安装；刷防护材料。其清单工程量都是按设计图示以长度计算。

2.伸缩缝的定额工程量计算规则

同清单规则。

（三）完成任务

墙体及屋面伸缩缝的工程量计算见表8-3。

表8-3 墙体及屋面伸缩缝工程量计算表（参考建施-08等）

构件名称	算量类别	编码	项目特征	算量名称	计算公式	工程量	单位
屋面伸缩缝	清单	010903008	镀锌铁皮、软质发泡聚乙烯条	长度	7、8轴线外墙外边线长度	10.1	m
	定额	子目1	镀锌铁皮、软质发泡聚乙烯条	长度	同上	10.1	m
墙体伸缩缝	清单	010902004	镀锌铁皮、沥青麻丝	长度	外墙体伸缩缝高度（从室外地坪算起）×2侧	31.8	m
	定额	子目1	镀锌铁皮、沥青麻丝	长度	同上	31.8	m

第四节 建筑面积的工程量计算

一、建筑面积的工程量计算

（一）布置任务

根据图纸计算整楼的建筑面积。

（二）内容讲解

多层建筑物其首层应按其外墙勒脚以上结构外围水平面积计算，二层及二层以上按外墙结构水平面积计算，建筑物的阳台不论其是否封闭，均按其水平投影面积的1/2计算，宽度在2.1m及以内的雨篷不计算其建筑面积。

（三）完成任务

建筑面积的工程量计算表见表8-4。

表8-4 建筑面积的工程量计算表（建施-03、04、05、06、07）

构件名称	算量名称	计算公式	工程量	单位
总建筑面积	首层外墙外边线以内面积	（含保温层外墙总长）×（含保温层B-E轴线外墙总宽）+［(2-6轴线突出部分含保温层宽度）×（2-6轴线突出部分含保温层长度)］×数量	256.68	m^2
	首层阳台建筑面积	阳台含保温层长×阳台含保温层宽×数量	13.5	m^2
	整楼建筑面积	外墙外边线以内面积×6层+首层阳台面积×5层阳台	1607.5	m^2

外墙外侧有保温隔热层的，应以保温隔热层的外边线计算建筑面积。

第五节 平整场地的工程量计算

一、平整场地的工程量计算

（一）布置任务

根据图纸计算平整场地的清单、定额工程量。

（二）内容讲解

1. 平整场地的清单工程量计算规则

按设计图示尺寸以建筑物首层建筑面积计算。

2. 平整场地的计价工程量计算规则

大部分地区平整场地工程量按建筑物底面积的外边线每边各增加2m，以平方米计算。有些地区按照首层建筑面积乘以系数计算。

（三）完成任务

平整场地工程量计算表见表8-5。

表8-5 平整场地工程量计算表（参考建施-04等）

构件名称	算量类别	编码	项目特征	算量名称	计算公式	工程量	单位
平整场地	清单	010101001	平整场地	清单平整场地	首层建筑面积（即：首层外墙外边线以内面积+首层阳台建筑面积）	270.18	m^2
	定额	子目1	外墙外边线外放2米平整场地	外放2米平整场地	（*Y*方向平整场地总长）×（*X*方向平整场地总长）－（左右两头多算部分）×2－（6-9轴线多算部分）	412.29	m^2
	定额	子目1	北京地区平整场地	首层建筑面积×1.4	（首层建筑面积）×1.4	378.882	m^2

【温馨提示】

平整场地的清单工程量以首层建筑面积为准；在定额工程量中，部分地区需要外扩2m，其他地区根据当地定额规则而定。

第六节 脚手架的工程量计算

一、脚手架的工程量计算

（一）布置任务

根据图纸计算脚手架的清单、定额工程量。

（二）内容讲解

1. 综合脚手架清单工程量计算规则

按建筑面积计算。

2. 综合脚手架定额工程量计算规则

同清单计算规则。

（三）完成任务

脚手架的工程量计算见表8-6。

表8-6 综合脚手架工程量计算

构件名称	算量类别	编码	项目特征	算量名称	计算公式	工程量	单位
综合脚手架	清单	011701001	综合脚手架	建筑面积	外墙外边线以内面积×6层+首层阳台面积×5层阳台	1607.58	m^2
	定额	子目1	综合脚手架	建筑面积	同上	1607.58	m^2

第七节 大型机械进出场费的工程量计算

一、大型机械进出场费的工程量计算

（一）布置任务

根据图纸计算大型机械进出场费的清单、定额工程量。

（二）内容讲解

1. 大型机械进出场费清单工程量计算规则

按使用机械设备的数量计算。

2. 大型机械进出场费定额工程量计算规则

同清单计算规则。

（三）完成任务

大型机械进出场费工程量计算见表8-7。

表8-7　大型机械进出场费工程量计算

构件名称	算量类别	编码	项目特征	算量名称	计算公式	工程量	单位
大型机械进出场费	清单	011705001	大型机械进出场费	使用设备台次	按使用设备机械数量计算	1	台次
	定额	子目1	大型机械进出场费	使用设备台次	同上	1	台次

第八节　垂直运输费的工程量计算

一、垂直运输费的工程量计算

（一）布置任务

根据图纸计算垂直运输费的清单、定额工程量。

（二）内容讲解

1. 垂直运输费清单工程量计算规则

（1）按建筑面积计算；

（2）按施工工期日历天数计算。

2. 垂直运输费定额工程量计算规则

同清单计算规则。

（三）完成任务

垂直运输费的工程量计算见表8-8。

表8-8　垂直运输费工程量计算

构件名称	算量类别	编码	项目特征	算量名称	计算公式	工程量	单位
垂直运输费	清单	011703001	垂直运输费	建筑面积	外墙外边线以内面积×6层+首层阳台面积×5层阳台	1607.58	m^2
	定额	子目1	垂直运输费	建筑面积	同上	1607.58	m^2

参考文献

[1] 中华人民共和国国家标准：建设工程工程量清单计价规范（GB 50500—2013）. 北京：中国计划出版社，2013.4.

[2] 中华人民共和国国家标准：房屋建筑与装饰工程工程量计算规范（GB 50854—2013）. 北京：中国计划出版社，2013.4.

[3] 阎俊爱等. 算量就这么简单——剪力墙实例手工算量（答案版）. 北京：化学工业出版社，2013.10.

[4] 阎俊爱等. 算量就这么简单——剪力墙实例图纸. 北京：化学工业出版社，2013.10.

[5] 山西省工程建设标准定额站. 建筑工程预算定额. 太原：山西科学技术出版社，2011.6.

[6] 山西省工程建设标准定额站. 装饰工程预算定额. 太原：山西科学技术出版社，2011.6.

附　录

剪力墙图纸

工程设计图纸目录

工程名称　1号住宅楼　　工程编号　　　工程造价　　万元

项目名称　剪力墙培训教材　　建筑面积　　　出图日期　年　月　日

1号办公楼

序号	图号	图名	图纸型号
1		工程设计图纸目录	
2	建施-01	建筑设计总说明	
3	建施-02	工程做法明细	
4	建施-03	地下一层平面图	
5	建施-04	首层平面图	
6	建施-05	二层平面图	
7	建施-06	三～四层平面图	
8	建施-07	五层平面图	
9	建施-08	屋顶平面图	
10	建施-09	南立面图	
11	建施-10	北立面图	
12	建施-11	东、西立面图	
13	建施-12	1—1剖面图	
14	建施-13	楼梯建筑详图	

续表

序号	图号	图名	图纸型号
15	结施-01	结构设计总说明	
16	结施-02	基础结构平面图	
17	结施-03	地下一层墙体结构平面图	
18	结施-04	首层～五层墙体结构平面图	
19	结施-05	暗柱详图	
20	结施-06	地下一层连梁配筋平面图	
21	结施-07	首层～四层连梁配筋平面图	
22	结施-08	五层连梁配筋平面图	
23	结施-09	地下一层顶板配筋平面图	
24	结施-10	首层～四层顶板配筋平面图	
25	结施-11	五层顶板配筋平面图	
26	结施-12	楼梯结构详图	

建筑设计总说明

一、工程概况

1. 本工程为“1号住宅楼”，就是某设计院设计的实际工程，在此作为培训教材。
2. 本建筑物地下1层，地上5层，总建筑面积为1679.58m^2。

二、节能设计

1. 本建筑物的体形系数＜0.3。
2. 本建筑物外墙砌体结构为200厚钢筋混凝土墙，外墙外侧均做35厚聚苯颗粒，外墙外保温做法，传热系数＜0.6。
3. 本建筑物外塑钢门窗均为单层框中空玻璃，传热系数3.0。
4. 本建筑物屋面外侧均采用40厚现喷硬质发泡聚氨酯保温层。

三、防水设计

1. 本建筑物屋面工程防水等级为二级，平屋面采用3厚高聚物改性沥青防水卷材防水层，屋面雨水采用ϕ100PVC管排水。
2. 楼地面防水：在凡需要楼地面防水的房间，均做水溶性涂膜防水三道，共2厚。房间在做完闭水试验后再进行下道工序施工。凡管道穿楼板处均预埋防水套管。

四、墙体设计

1. 外墙：均为200厚钢筋混凝土墙及35厚聚苯颗粒保温复合墙体。

2. 内墙：均为200厚钢筋混凝土墙、100厚条板墙。

3. 墙体砂浆：煤渣砌块墙体使用专用M5砂浆砌筑。

4. 墙体护角：在室内所有门窗洞口和墙体转角的凸阳角，用1∶2水泥砂浆做1.8m高护角，两边各伸出80。

五、其他

1. 防腐、除锈：所有预埋铁件在预埋前均应做除锈处理;所有预埋木砖在预埋前，均应先用沥青油做防腐处理。

2. 所有管井在管道安装完毕后按结构要求封堵，管井做粗略装修，1∶3水泥砂浆找平地面，墙面和顶棚不做处理。检修门留100高门槛。

3. 所有门窗除特别注明外，门窗的立框位置居墙中线。

4. 凡室内有地漏的房间，除特别注明外，其地面应自门口或墙边向地漏方向做0.5%的坡。

5. 本工程图示尺寸以毫米(mm)为单位，标高以米(m)为单位。

门窗表

类型	设计编号	洞口尺寸（宽×高）	地下一层	首层	二层	三层	四层	五层	总计
防盗门	M0921	900×2100		4	4	4	4	4	20
单元对讲门	M1221	1200×2100	2						2
塑钢窗	C2506	2500×600	8						8
	C1206	1200×600	4						4
	C1215	1200×1500	4	4	4	4	4	4	24
	PC-1	见平面		4	4	4	4	4	20
	YTC1（首层～四层）	（4300+1500×2）×1780		4	4	4	4		16
	YTC1（五层）	（4300+1500×2）×1880						4	4
胶合板门	M0921	900×2100	12	8	8	8	8	8	52
	M0821	800×2100	4	4	4	4	4	4	24
	M1523	1500×2300	4	4	4	4	4	4	24
铝合金门	TLM2521	2500×2100		4	4	4	4	4	20

内装修表

层数	房间名称	楼地面	踢脚	内墙面	顶棚	备注	窗台板
地理一层	楼梯间、储藏间	地	踢1	内墙1	棚		
	楼梯间	楼1	踢2	内墙1	棚		
	卫生间	楼2		内墙2	吊顶	高度2500	仅卧室的飘窗有，尺寸为2500×650，材质为大理石板
首层～五层	厨房	楼3		内墙3	吊顶	高度2500	
	住宅户内其余房间	楼4	踢2	内墙1	棚		
	客厅	楼5	踢3	内墙1	棚		

设计	张向荣	工程名称	1号住宅楼	日期	
QQ	800014859	图名	建筑设计总说明	图号	建施-01

工程做法明细

一、室外装修设计

1.外墙：喷（刷）涂料墙面（用于除雨篷栏板之外的　所有外墙）

①喷（刷）涂料墙面。

②刮涂柔性耐水腻子（刮涂柔性耐水腻子+底漆刮涂光面腻子）。

③5～7厚聚合物抗裂砂浆（敷设热镀锌电焊网一层）。

④50厚聚苯颗粒保温。

2.屋面：不上人平屋面

①防水层：SBS改性沥青防水层(3+3)，上翻250。

②刷基层处理剂一遍。

③找平层：20厚1∶3水泥砂浆找平。

④找坡：1∶8水泥珍珠岩找2%坡，最薄处30厚。

⑤保温层：50厚聚苯乙烯泡沫塑料板。

⑥20厚1∶3水泥砂浆找平。

⑦结构层：钢筋混凝土楼板，表面清扫干净。

二、室内装修设计

1.地面：水泥地面

①20厚1∶3水泥砂浆压实、赶光。

②100厚C10混凝土。

③ 厚素土夯实。

2.楼面

（1）楼1：防滑地砖（楼梯）

① 5 ～ 10厚地砖楼面。

② 6厚建筑胶粘贴。

③ 钢筋混凝土楼板。

（2）楼2：防滑地砖防水楼面（400×400)

① 5 ～ 10厚防滑地砖，稀水泥浆擦缝。

② 撒素水泥面（洒适量清水）。

③ 20厚1∶3干硬性水泥砂浆黏结层。

④ 1.5厚聚氨酯涂膜防水层。

⑤ 20厚1∶3水泥砂浆找平层。

⑥ 素水泥浆一道。

⑦ 最薄处30厚C15细石混凝土。

从门口向地漏找1%坡。

⑧ 现浇混凝土楼板。

（3）楼3：地砖楼面（400×400)

① 5 ～ 10厚地砖楼面。

② 20厚干硬性水泥砂浆黏结层。

③ 40厚陶粒混凝土垫层。

④ 钢筋混凝土楼板。

（4）楼4：地砖楼面（800×800）

① 5 ～ 10厚地砖楼面。

② 20厚干硬性水泥砂浆黏结层。

③ 40厚陶粒混凝土垫层。

④ 钢筋混凝土楼板。

（5）楼5：花岗岩楼面

① 20厚花岗石板，稀水泥擦缝。

② 撒素水泥面（洒适量清水）。

③ 20厚1∶3干硬性水泥砂浆黏结层。

④ 40厚陶粒混凝土垫层。

⑤ 钢筋混凝土楼板。

3.踢脚

（1）踢1：水泥踢脚（高度100）

① 20厚1∶2.5水泥砂浆罩面压实、赶光。

② 素水泥浆一道。

③ 8厚1∶3水泥砂浆打底扫毛或划出纹道。

④ 素水泥浆一道甩毛（内掺建筑胶）。

（2）踢2：地砖踢脚（高度100）

① 5 ～ 10厚铺地砖踢脚，稀水泥浆擦缝。

② 10厚1∶2水泥砂浆黏结层。

③ 素水泥浆一道甩毛（内掺建筑胶）。
（3）踢3：花岗岩踢脚（高度100）
① 10～15厚大理石踢脚板，稀水泥浆擦缝。
② 10厚1∶2水泥砂浆黏结层。
③ 素水泥浆一道甩毛（内掺建筑胶）。

4. 内墙

（1）内墙1：涂料墙面
① 喷水性耐擦洗涂料。
② 2.5厚1∶2.5水泥砂浆找平。
③ 9厚1∶3水泥砂浆打底扫毛。
④ 素水泥浆一道甩毛（内掺建筑胶）。
（2）内墙2：釉面砖墙面
① 粘贴7～9厚釉面砖面层。
② 5厚1∶2建筑水泥砂浆黏结层。
③ 1.5厚聚氨酯防水。
④ 10厚1∶3水泥砂浆打底扫毛或划出纹道。
⑤ 素水泥浆一道甩毛（内掺建筑胶）。
（3）内墙3：釉面砖墙面
① 白水泥擦缝。
② 5厚釉面砖面层。
③ 5厚1∶2建筑水泥砂浆黏结层。
④ 素水泥浆一道。
⑤ 6厚1∶2.5水泥砂浆打底压实、抹平。

5. 顶棚：板底喷涂顶棚

① 喷水性耐擦洗涂料。
② 耐水腻子两遍。
③ 现浇混凝土楼板。

6. 吊顶：铝合金条板吊顶（燃烧性能为A级）

① 0.8～1.0厚铝合金条板，离缝安装带插缝板。
② U型轻钢次龙骨LB45×48，中距≤1500。
③ U型轻钢主龙骨LB38×12，中距≤1500，与钢筋吊杆固定。
④ ϕ6钢筋吊杆，中距横向≤1500纵向≤1200。
⑤ 现浇混凝土板底预留ϕ10钢筋吊环，双向中距≤1500。

三、防水工程做法

1. 地下室外墙防水

① 钢筋混凝土自防水结构墙体P6（抗渗等级）。
② 20厚1∶2水泥砂浆找平。
③ 刷基层处理剂一遍。
④ SBS改性沥青防水层（3+3）。

⑤ 30厚水泥聚苯板保护层（用聚醋酸乙烯胶黏剂粘贴）。

2.基础防水

① 钢筋混凝土自防水伐板P6（抗渗等级）。

② 50厚C20细石混凝土保护层。

③ SBS改性沥青防水层（3+3）。

④ 20厚1∶2水泥砂浆找平。

设计	张向荣	工程名称	1号住宅楼	日期	
QQ	800014859	图名	工程做法明细	图号	建施-02

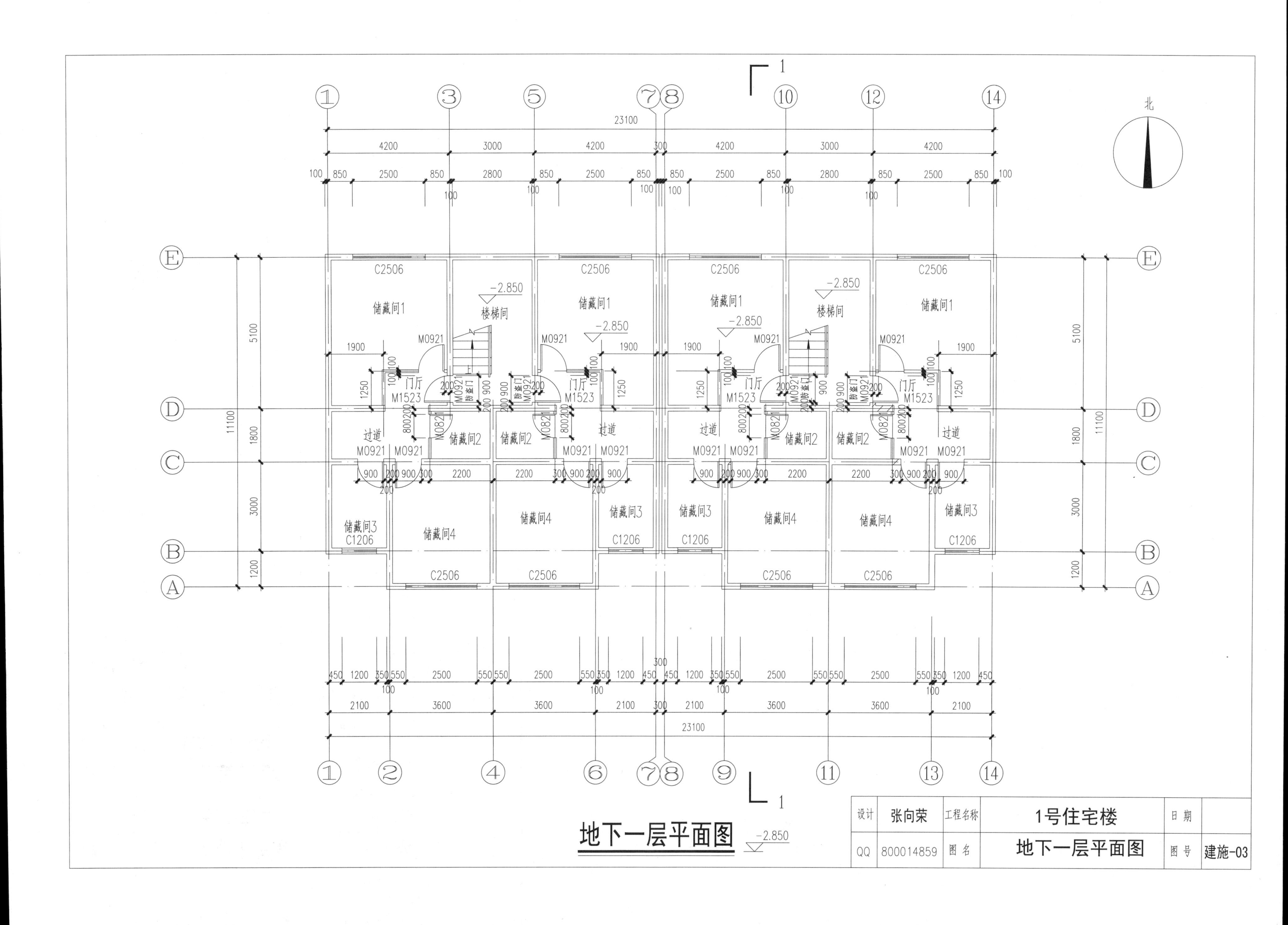

地下一层平面图 -2.850

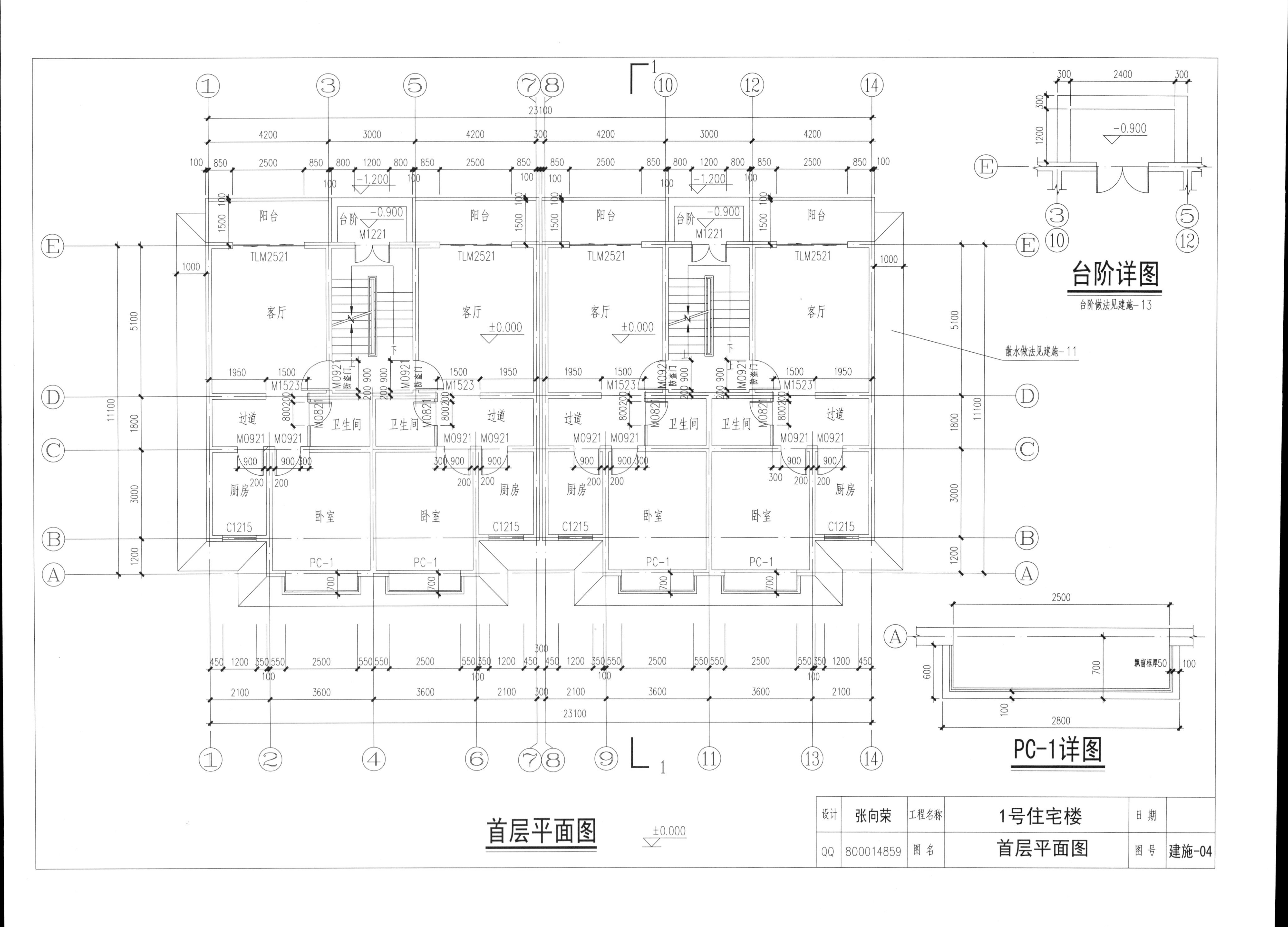

首层平面图
±0.000
台阶详图
台阶做法见建施-13
散水做法见建施-11
PC-1详图
飘窗框厚50
阳台
客厅
过道
卫生间
厨房
卧室
台阶
TLM2521
M1221
M1523
M0921
M0821
C1215
PC-1
防盗门
23100
设计
张向荣
工程名称
1号住宅楼
日 期
QQ
800014859
图 名
首层平面图
图 号
建施-04

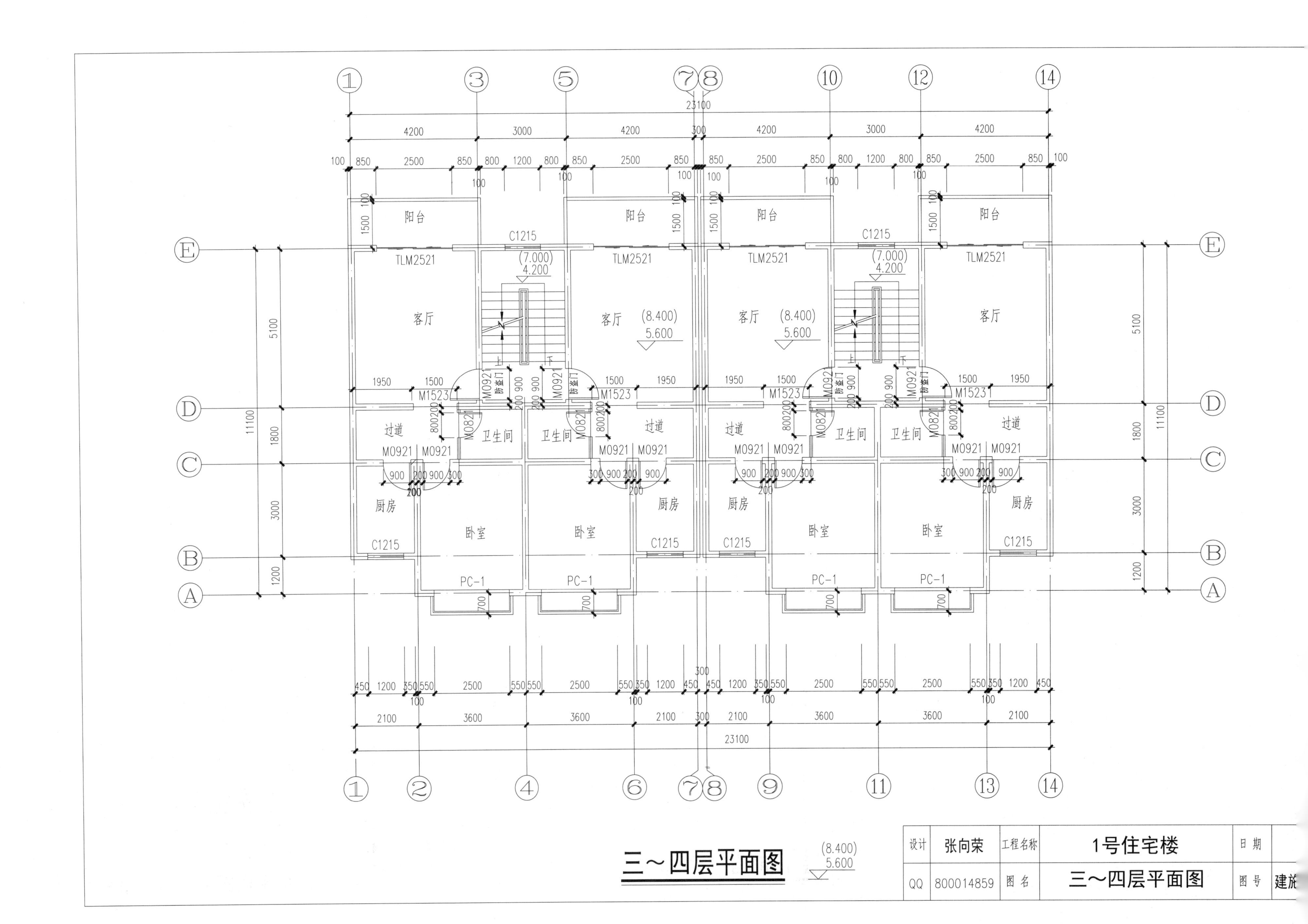

阳台
客厅
过道
卫生间
厨房
卧室
TLM2521
C1215
M1523
M0921
M0821
PC-1
防盗门
(7.000)
4.200
(8.400)
5.600
23100
三～四层平面图
设计
张向荣
工程名称
1号住宅楼
日期
QQ
800014859
图名
三～四层平面图
图号

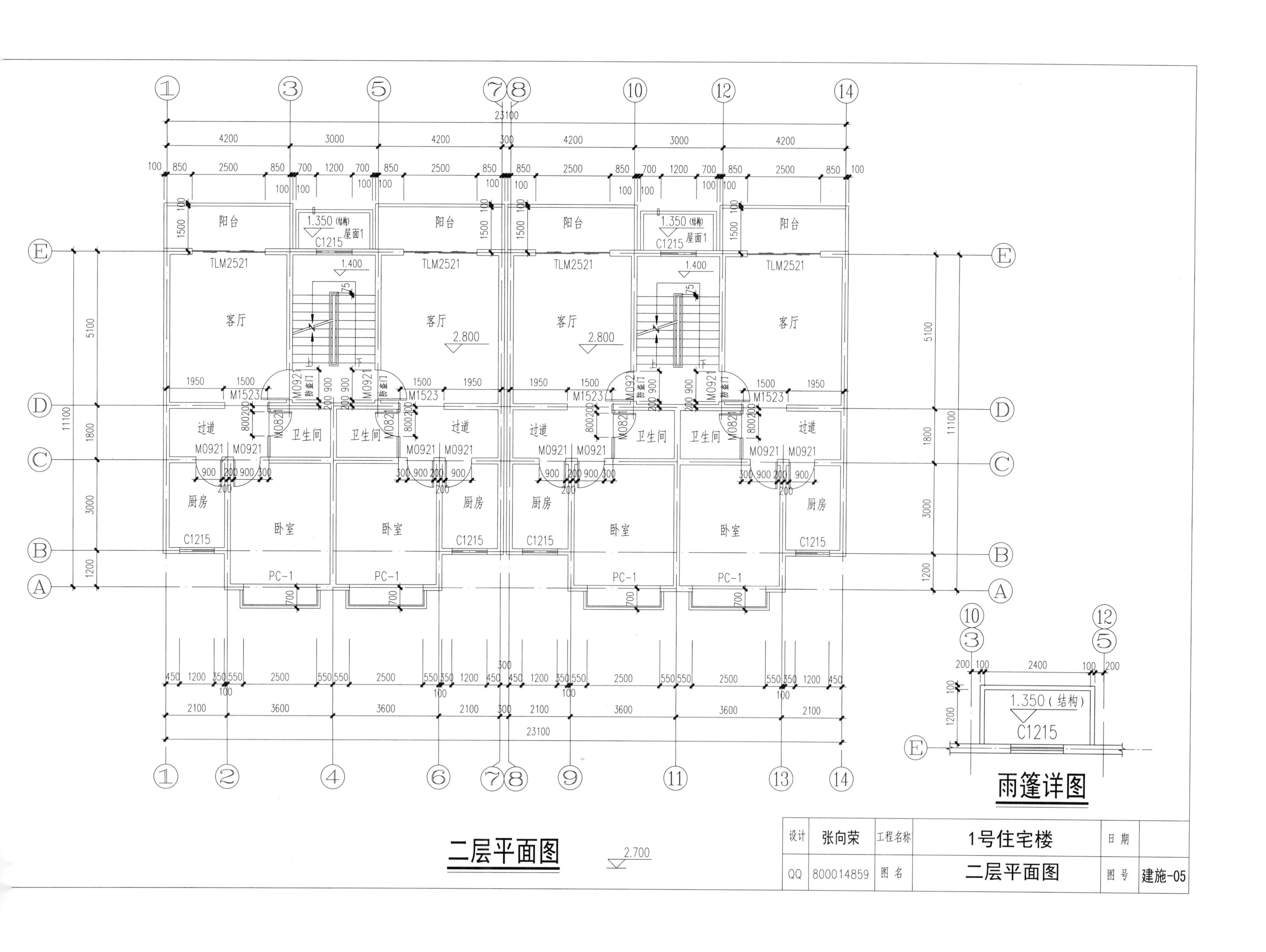

阳台
1.350 (结构)
屋面1
C1215
TLM2521
1.400
客厅
2.800
上
下
防盗门
M1523
M0921
M0821
过道
卫生间
厨房
卧室
PC-1
23100
4200
3000
300
2100
3600
5100
1800
11100
1200
700
雨篷详图
2400
二层平面图
2.700
设计
张向荣
工程名称
1号住宅楼
日期
QQ
800014859
图名
二层平面图
图号
建施-05

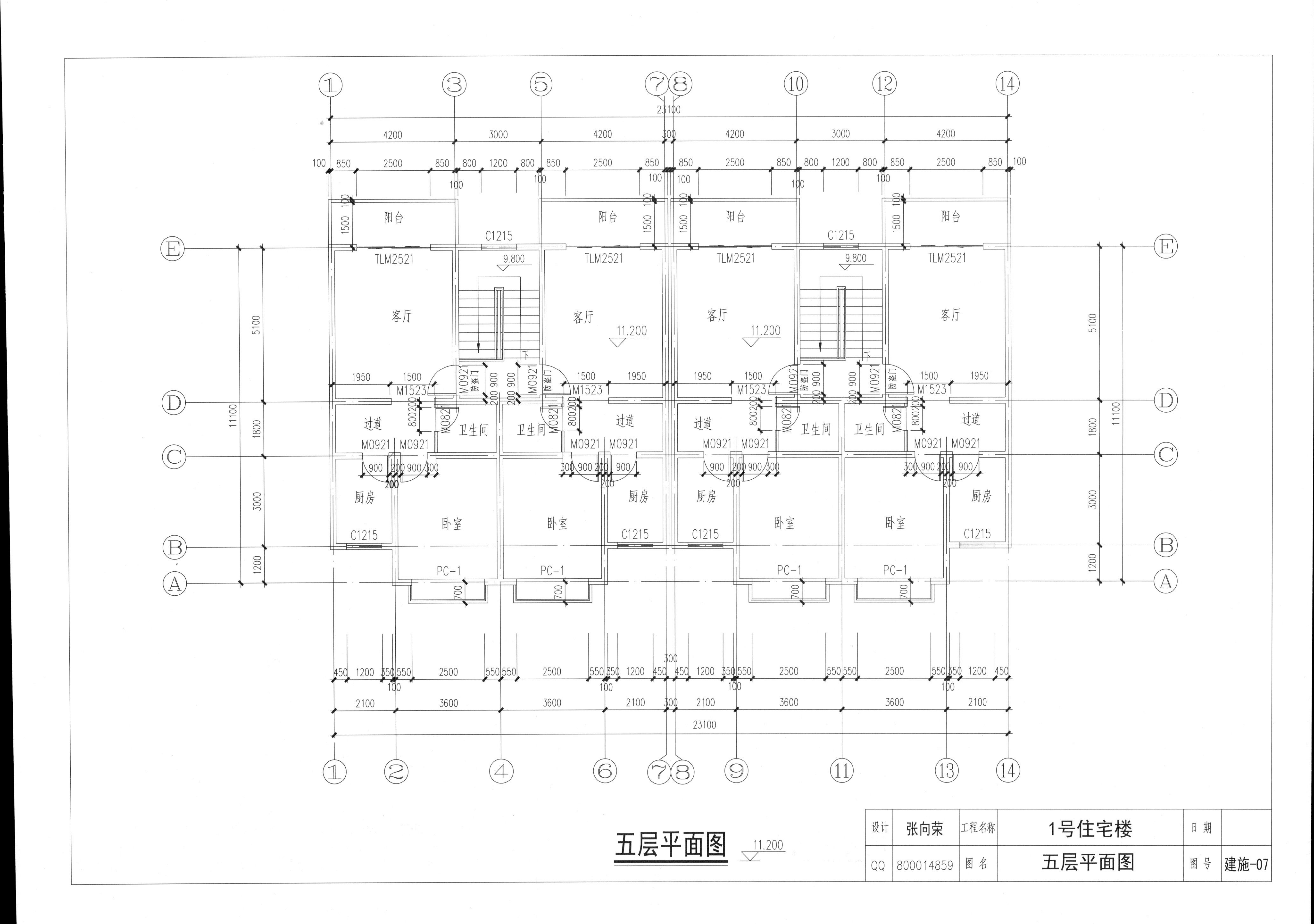
阳台
C1215
TLM2521
客厅
9.800
11.200
卫生间
过道
厨房
卧室
PC-1
M1523
M0921
M0821
防盗门
下
五层平面图
11.200
设计
张向荣
工程名称
1号住宅楼
日期
QQ
800014859
图名
五层平面图
图号
建施-07

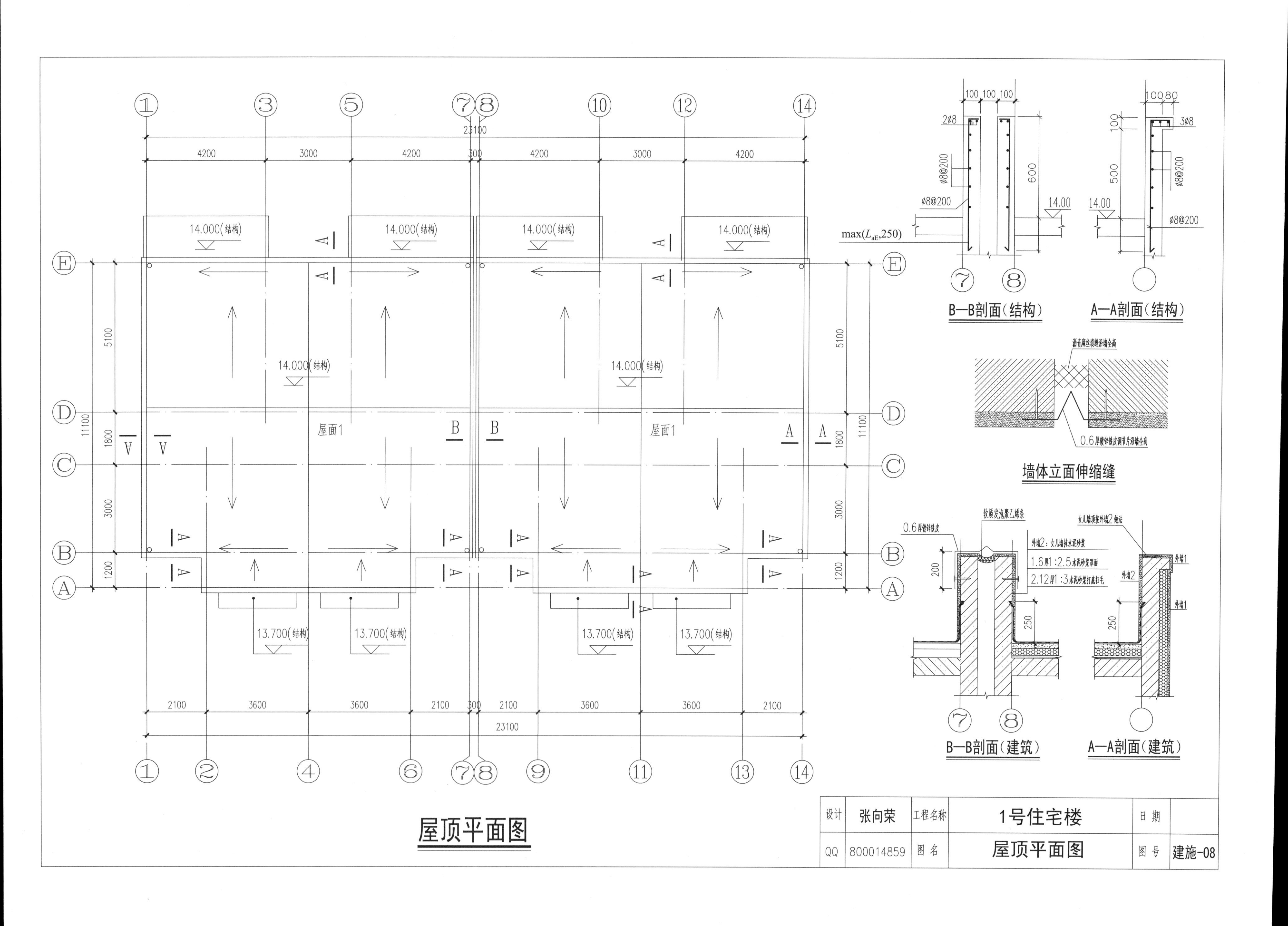
屋顶平面图
B—B剖面（结构）
A—A剖面（结构）
墙体立面伸缩缝
B—B剖面（建筑）
A—A剖面（建筑）
14.000(结构)
13.700(结构)
屋面1
23100
4200
3000
300
5100
1800
1200
11100
2100
3600
max(L_{aE},250)
2ϕ8
3ϕ8
ϕ8@200
0.6厚镀锌铁皮
外墙2：女儿墙抹水泥砂浆
1.6厚1:2.5水泥砂浆罩面
2.12厚1:3水泥砂浆打底扫毛
外墙1
外墙2
设计
张向荣
工程名称
1号住宅楼
日期
QQ
800014859
图名
屋顶平面图
图号
建施-08

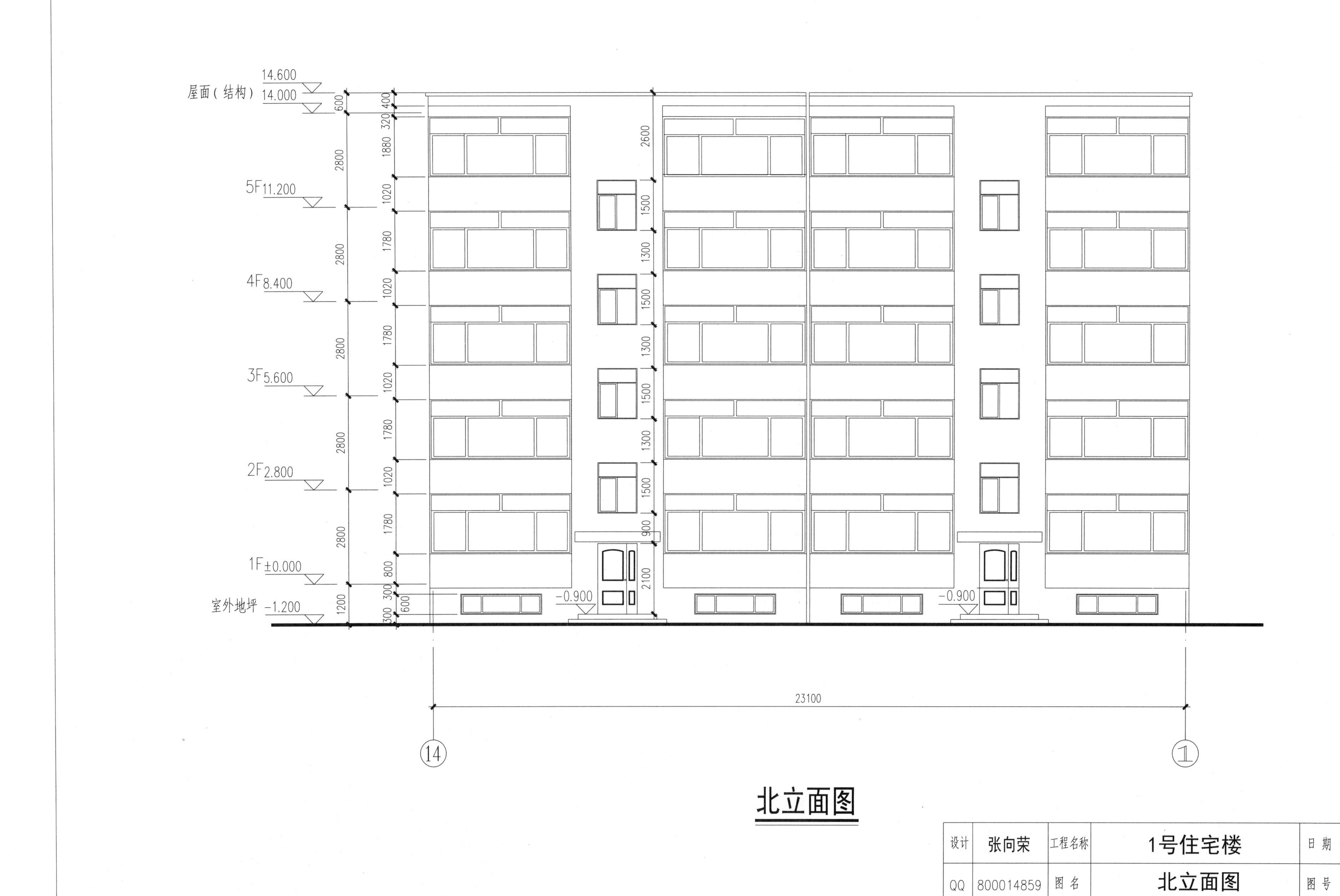
14.600
屋面（结构）14.000
5F 11.200
4F 8.400
3F 5.600
2F 2.800
1F ±0.000
室外地坪 -1.200
-0.900
-0.900
23100
14
1
北立面图
设计
张向荣
工程名称
1号住宅楼
日期
QQ
800014859
图名
北立面图
图号
建施

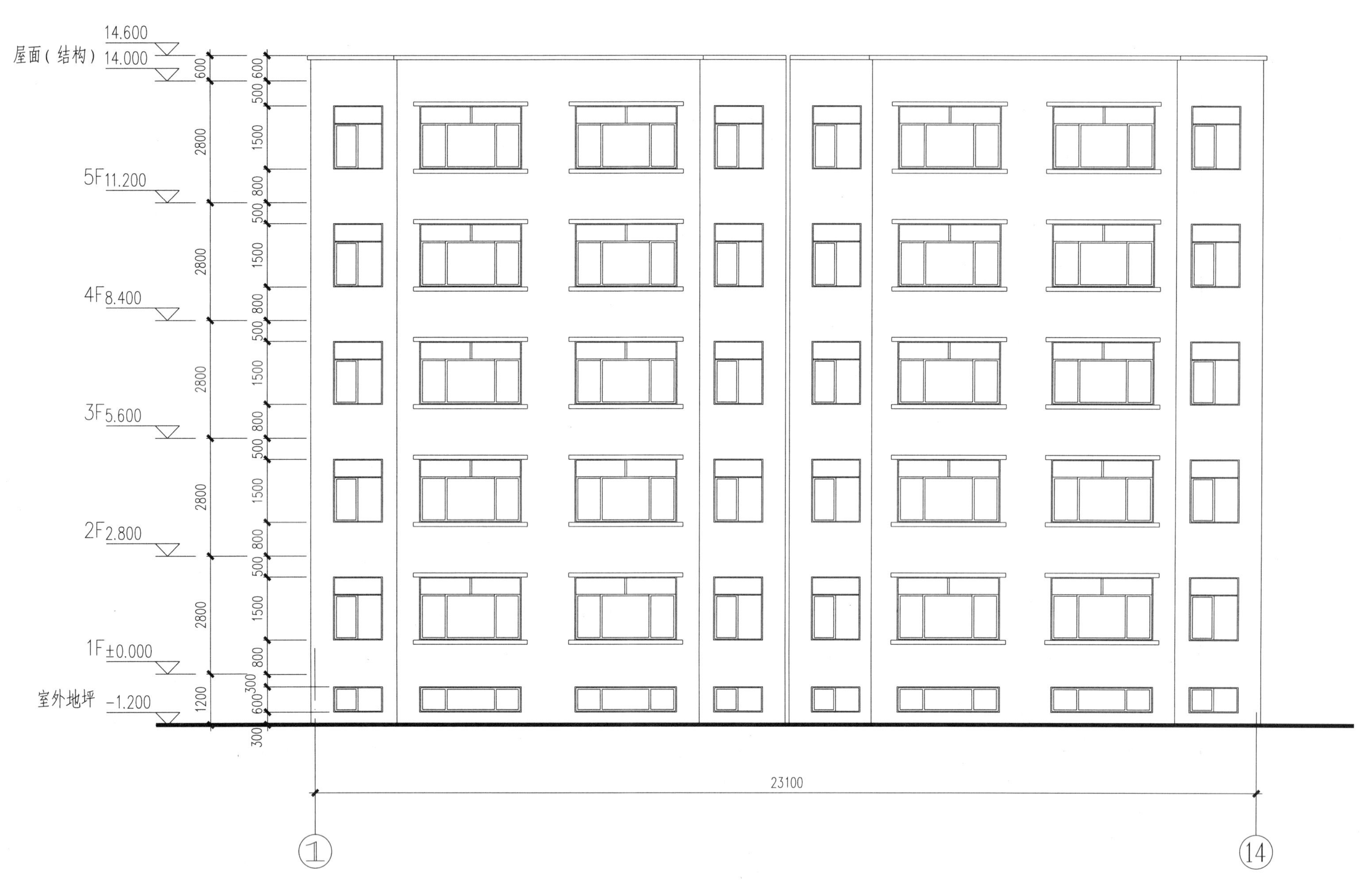

南立面图

设计	张向荣	工程名称	1号住宅楼	日 期	
QQ	800014859	图 名	南立面图	图 号	建施-09

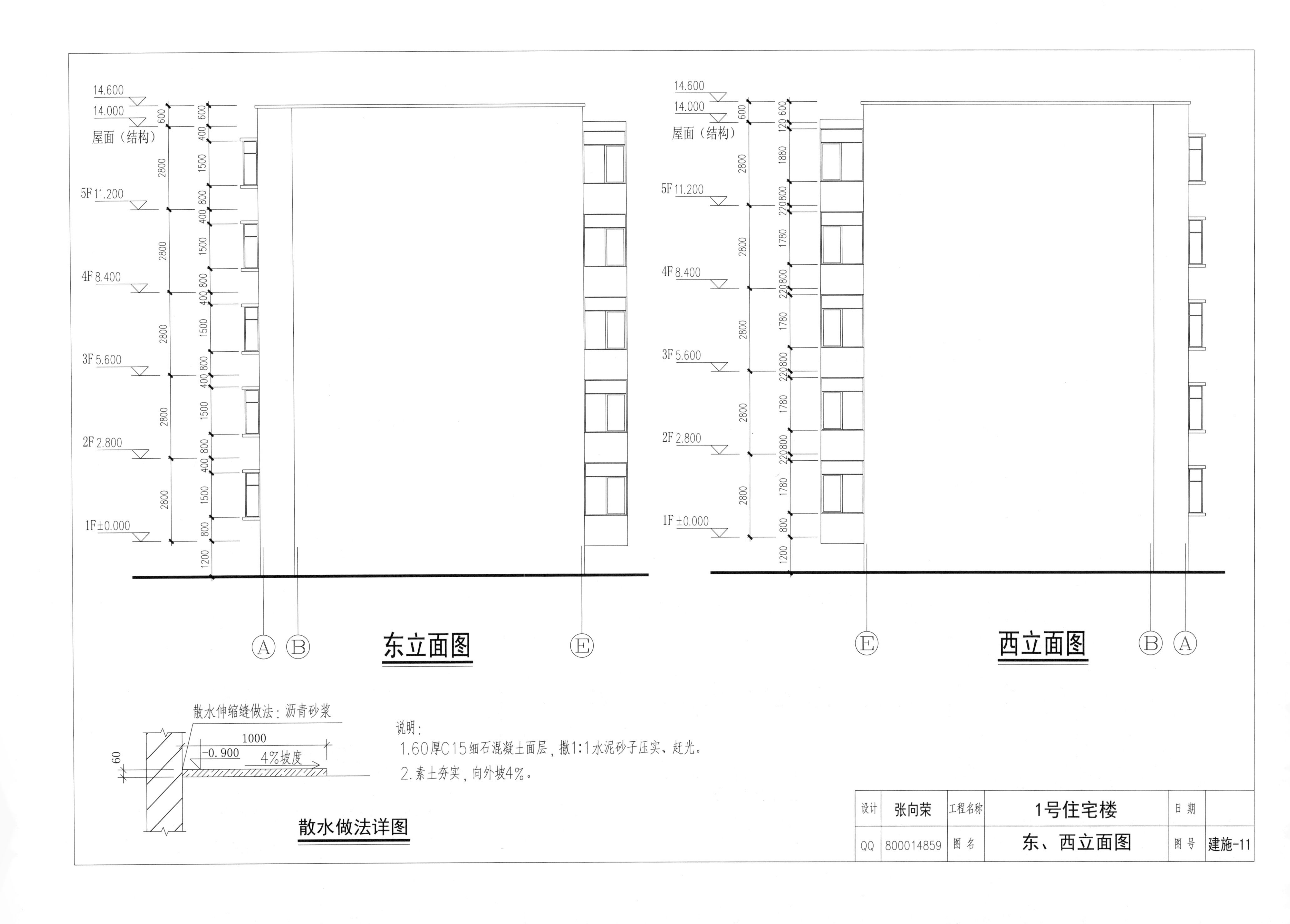
14.600
14.000
屋面（结构）
5F 11.200
4F 8.400
3F 5.600
2F 2.800
1F ±0.000
东立面图
西立面图
散水伸缩缝做法：沥青砂浆
1000
-0.900
4%坡度
60
散水做法详图
说明：
1.60厚C15细石混凝土面层，撒1:1水泥砂子压实、赶光。
2.素土夯实，向外坡4%。
设计 张向荣
工程名称 1号住宅楼
日期
QQ 800014859
图名 东、西立面图
图号 建施-11

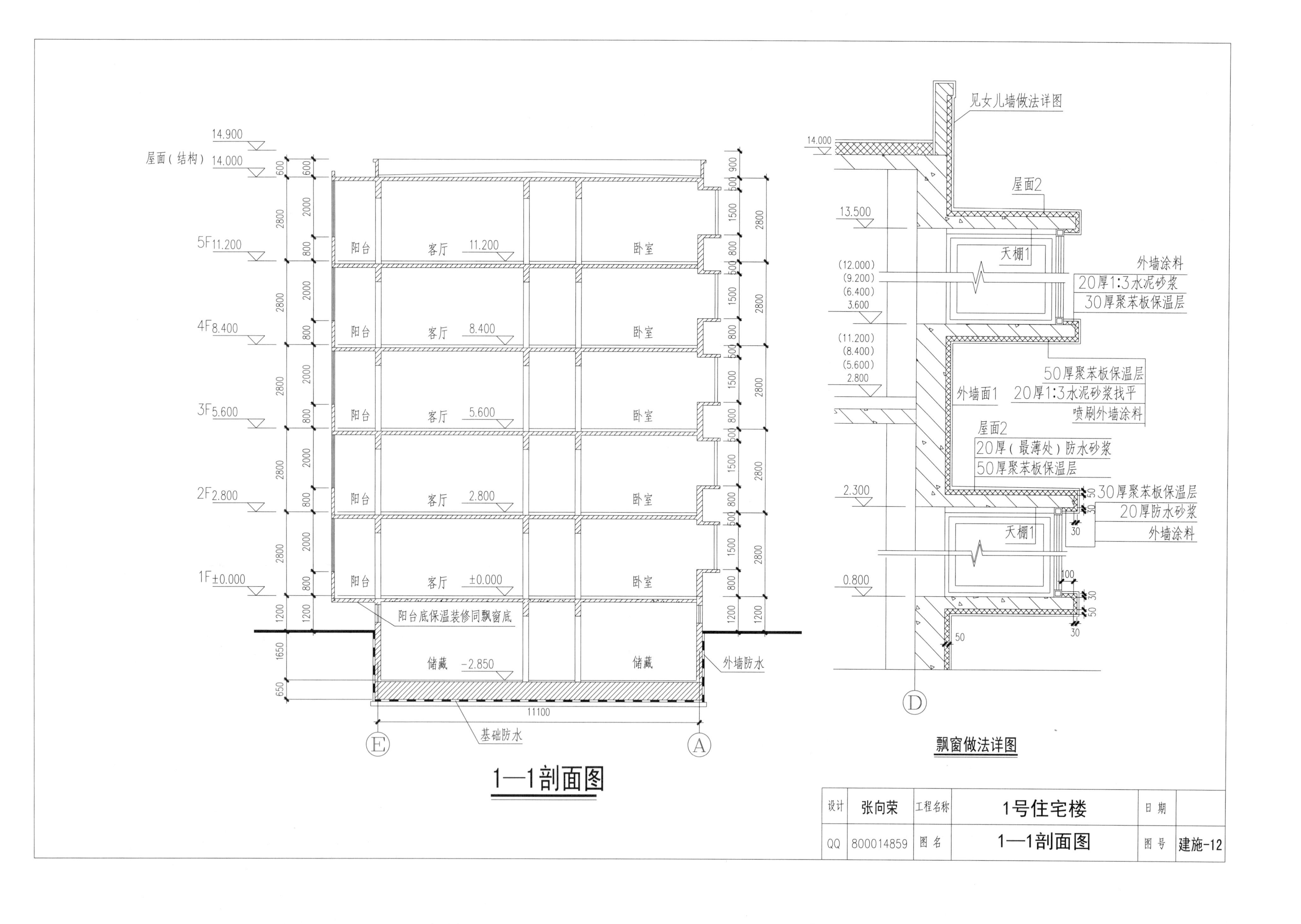

屋面（结构）
14.900
14.000
5F 11.200
4F 8.400
3F 5.600
2F 2.800
1F ±0.000
阳台
客厅
卧室
储藏
-2.850
阳台底保温装修同飘窗底
外墙防水
基础防水
11100
1—1剖面图
见女儿墙做法详图
屋面2
13.500
天棚1
外墙涂料
20厚1:3水泥砂浆
30厚聚苯板保温层
50厚聚苯板保温层
20厚1:3水泥砂浆找平
喷刷外墙涂料
外墙面1
20厚（最薄处）防水砂浆
2.300
20厚防水砂浆
0.800
飘窗做法详图
设计
张向荣
工程名称
1号住宅楼
日期
QQ
800014859
图名
1—1剖面图
图号
建施-12

结构设计总说明

一、工程概况

本工程为“1号住宅楼”，仅作为培训资料，不是实际工程。地下一层，地上五层。

抗震剪力墙结构，基础为筏板基础，现浇钢筋混凝土楼板。

二、抗震设防参数

抗震设防烈度为8度，抗震等级为2级。

三、主要设计依据

1. 甲方提供的设计任务书及有关资料。
2. 《建筑结构荷载规范》（GB 50009—2001）。
3. 《高层建筑混凝土结构技术规程》（JGJ 3—2002）。
4. 《建筑地基基础设计规范》（GB 50007—2002）。
5. 《混凝土结构设计规范》（GB 50010—2002）。
6. 《建筑抗震设计规范》（GB 50011—2001）。
7. 其他有关设计规范规定及资料。

四、主要结构材料

1. 混凝土强度等级:所有混凝土构件强度等级全为C30。
2. 钢筋：一级钢 HPB300，二级钢 HRB335。
3. 焊条：一级钢 HPB300用 E43,二级钢 HRB335用 E52。

五、钢筋混凝土结构构造

1. 本图钢筋混凝土墙体钢筋采用平法表示，有关构造要求除特殊注明外，均按照图集《混凝土结构施工图平面整体表示方法制图规则和构造详图》执行。
2. 钢筋保护层

基础底板：40mm，剪力墙：15mm，楼板：15mm，梁：25mm，柱：30mm。

3. 现浇钢筋混凝土板

（1）顶层楼梯间板上开洞配筋见结施-12。

（2）图中未标注楼板分布筋均为ϕ8@200。

（3）隔墙下板下铁增设3ϕ14,伸至两侧墙或梁内一个锚固长度。

（4）屋面顶板上铁增设温度钢筋见图一。

4. 现浇钢筋混凝土墙

剪力墙上孔洞必须预留不得后凿，洞口小于200时，洞边不设附加筋，墙内钢筋不得截断，剪力墙上孔洞必须预留，不得后凿，洞口大于200小于800时，墙洞洞口附加筋见图二。

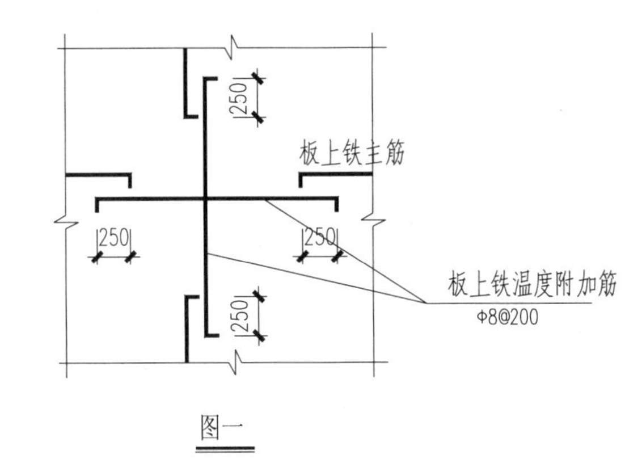

图一

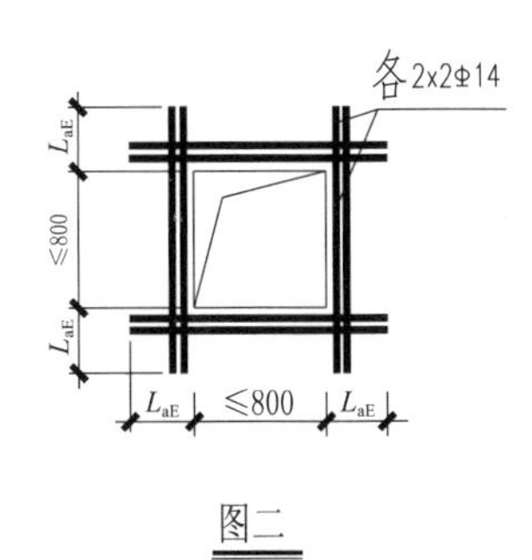

图二

5. 关于钢筋的连接方式

钢筋直径≥16时采用焊接连接方式，钢筋直径＜16时采用绑扎连接方式。钢筋直径≤12时，按12m定尺长度计算，钢筋直径＞12时，按8m定尺长度计算。

6. 关于暗梁的设置

除地下一层外，每层每道墙均设暗梁，宽度同墙厚，高度为400，纵筋为4ϕ16，箍筋为ϕ8@200。

六、砌体部分

1. 本工程填充墙均为陶粒混凝土空心砌块，不作承重墙，陶粒混凝土空心砌块的性能应达到《轻集料混凝土小型空心砌块》（GB15229—94）。标准密度等级不大于800kg/m³；抗压强度≥8MPa。
2. 砌体内的门洞、窗洞或设备留孔，其洞顶均设过梁。梁宽同墙宽，梁高为1/8洞宽且不小于120mm;洞宽小于1500mm时，下铁为2ϕ12，架立筋为2ϕ10，箍筋均为ϕ6@200，梁支座长度等于250mm。当洞顶距结构梁（或墙连梁）底小于上述过梁高度时，结构梁（或墙连梁）底应设吊板，厚同墙厚，吊板内设ϕ6@200钢筋，双排双向锚入结构梁内≥35*d*，如图三所示。

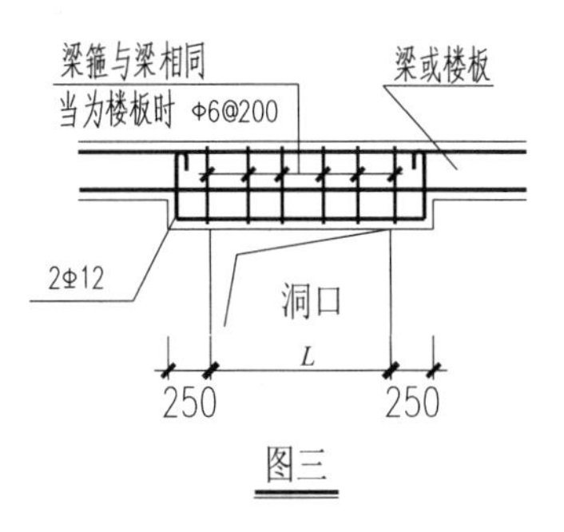

图三

七、其他

1. 施工时配合各专业设置预埋件。
2. 施工时配合电专业做好防雷做法。
3. 本工程图示尺寸以毫米（mm）为单位，标高以米（m）为单位。

设计	张向荣	工程名称	1号住宅楼	日期	
QQ	800014859	图名	结构设计总说明	图号	结施-01

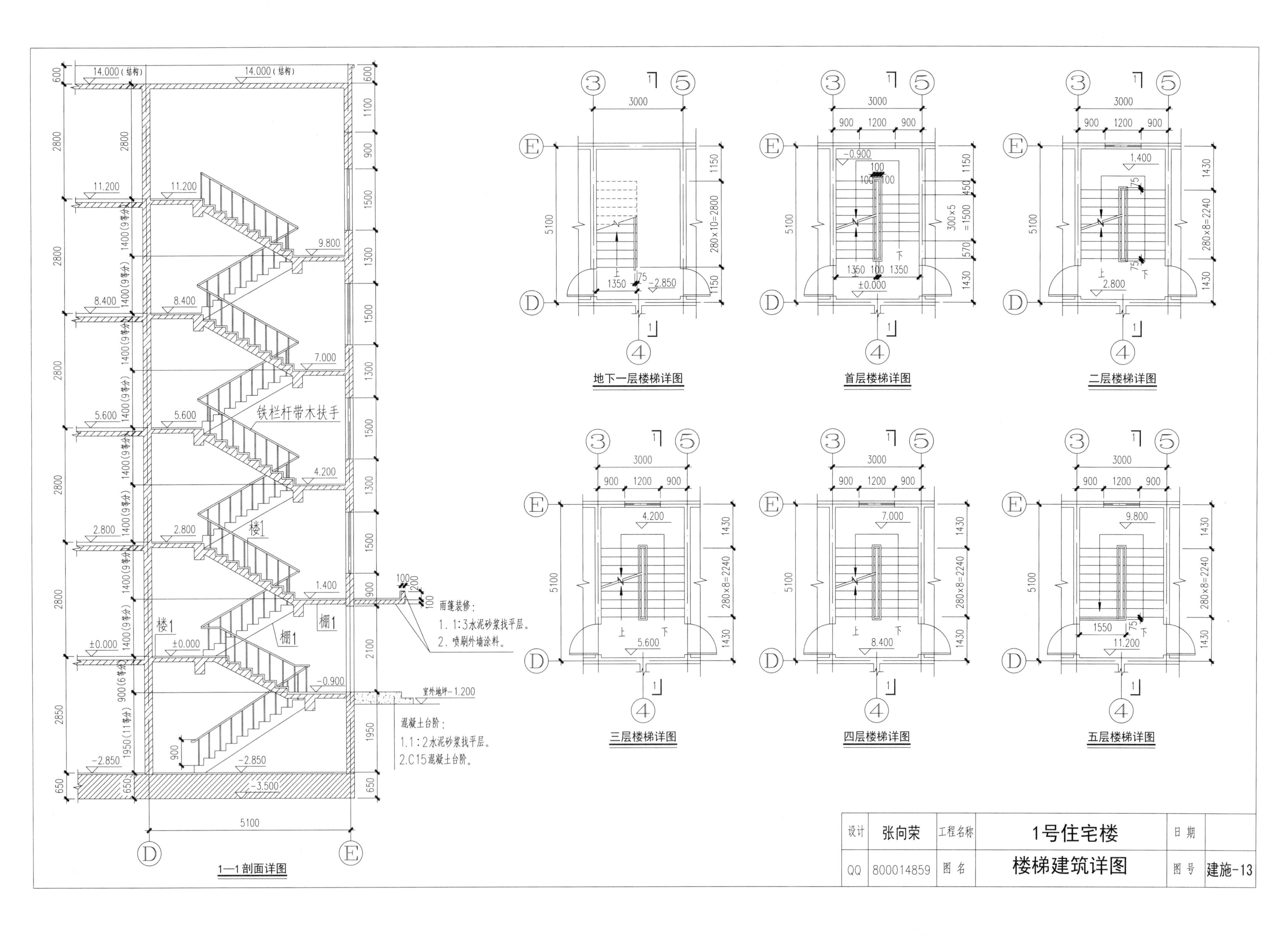

设计	张向荣	工程名称	1号住宅楼	日期	
QQ	800014859	图名	楼梯建筑详图	图号	建施-13

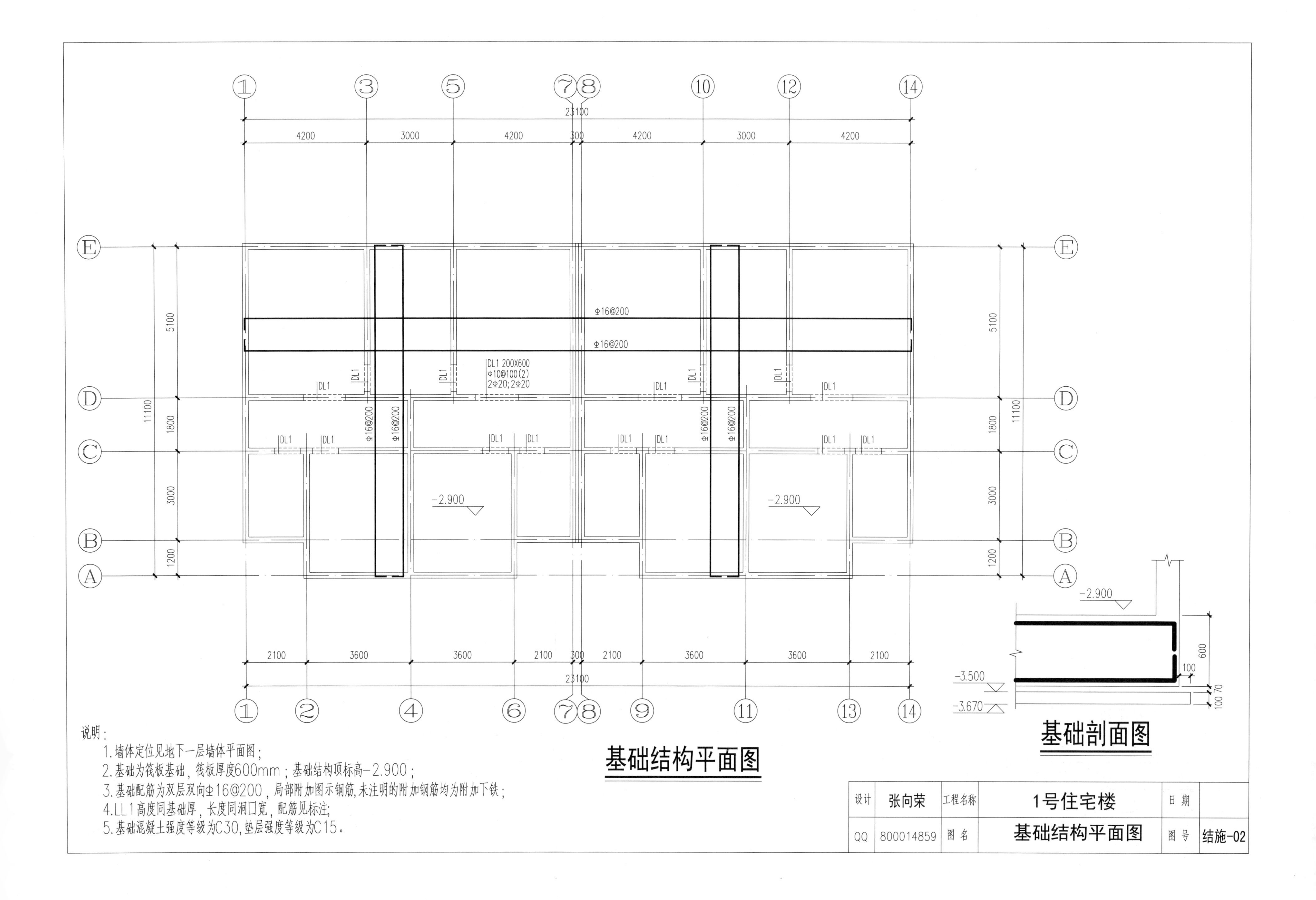

23100
4200
3000
4200
300
4200
3000
4200
Φ16@200
Φ16@200
DL1 200X600
Φ10@100(2)
2Φ20;2Φ20
DL1
Φ16@200
Φ16@200
-2.900
-2.900
5100
1800
3000
1200
11100
2100
3600
3600
2100
300
2100
3600
3600
2100
23100
-2.900
600
100
-3.500
-3.670
100
70
100
基础剖面图
基础结构平面图
说明：
1.墙体定位见地下一层墙体平面图；
2.基础为筏板基础，筏板厚度600mm；基础结构顶标高-2.900；
3.基础配筋为双层双向Φ16@200，局部附加图示钢筋，未注明的附加钢筋均为附加下铁；
4.LL1高度同基础厚，长度同洞口宽，配筋见标注；
5.基础混凝土强度等级为C30，垫层强度等级为C15。
设计
张向荣
工程名称
1号住宅楼
日期
QQ
800014859
图名
基础结构平面图
图号
结施-02

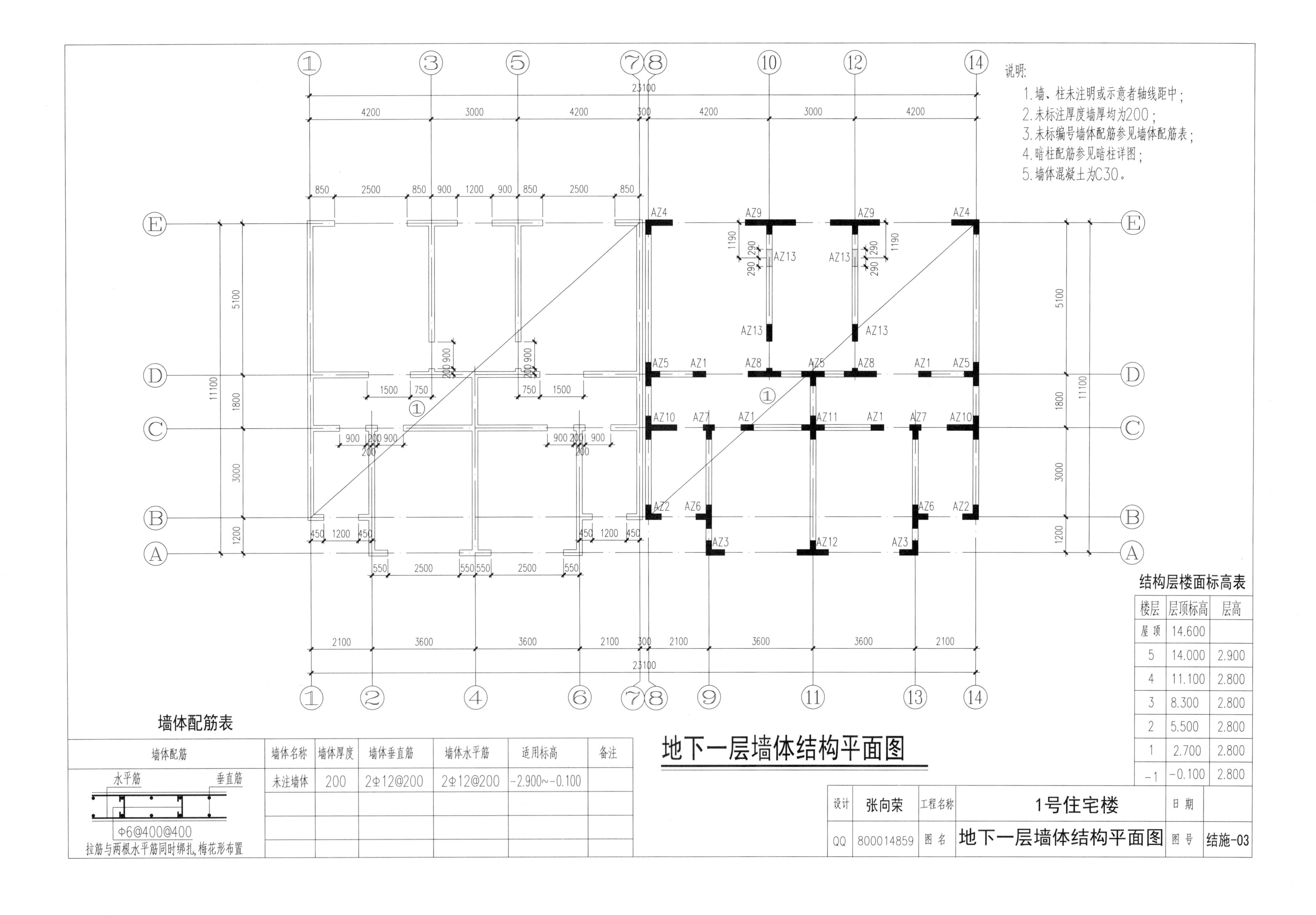

墙体配筋	墙体名称	墙体厚度	墙体垂直筋	墙体水平筋	适用标高	备注
	未注墙体	200	2Φ12@200	2Φ12@200	-2.900~-0.100	

楼层	层顶标高	层高
屋 顶	14.600	
5	14.000	2.900
4	11.100	2.800
3	8.300	2.800
2	5.500	2.800
1	2.700	2.800
-1	-0.100	2.800

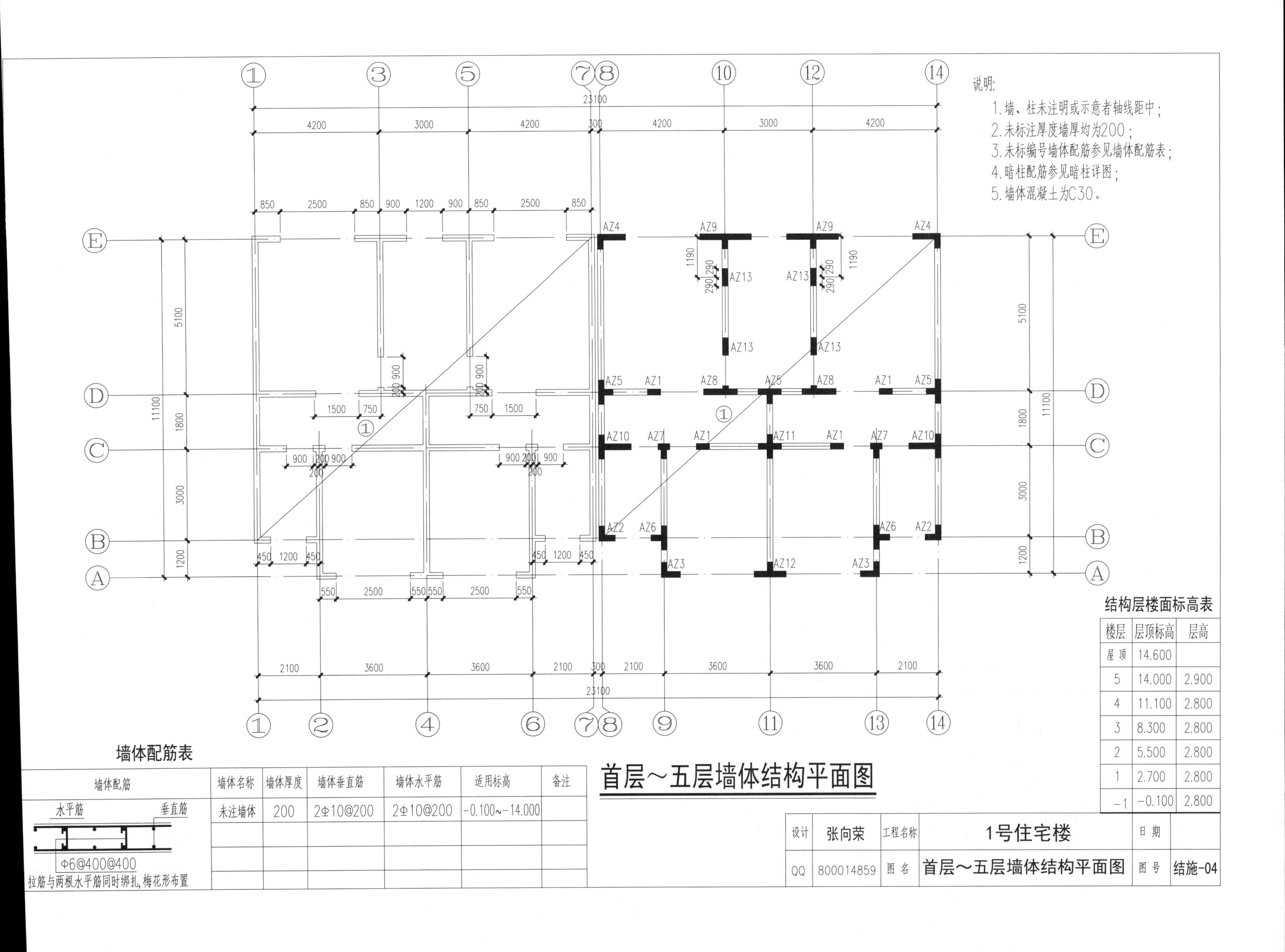

结构层楼面标高表

楼层	层顶标高	层高
屋顶	14.600	
5	14.000	2.900
4	11.100	2.800
3	8.300	2.800
2	5.500	2.800
1	2.700	2.800
-1	-0.100	2.800

墙体配筋表

墙体配筋	墙体名称	墙体厚度	墙体垂直筋	墙体水平筋	适用标高	备注
	未注墙体	200	2Φ10@200	2Φ10@200	-0.100~-14.000	

设计	张向荣	工程名称	1号住宅楼	日期	
QQ	800014859	图名	首层~五层墙体结构平面图	图号	结施-04

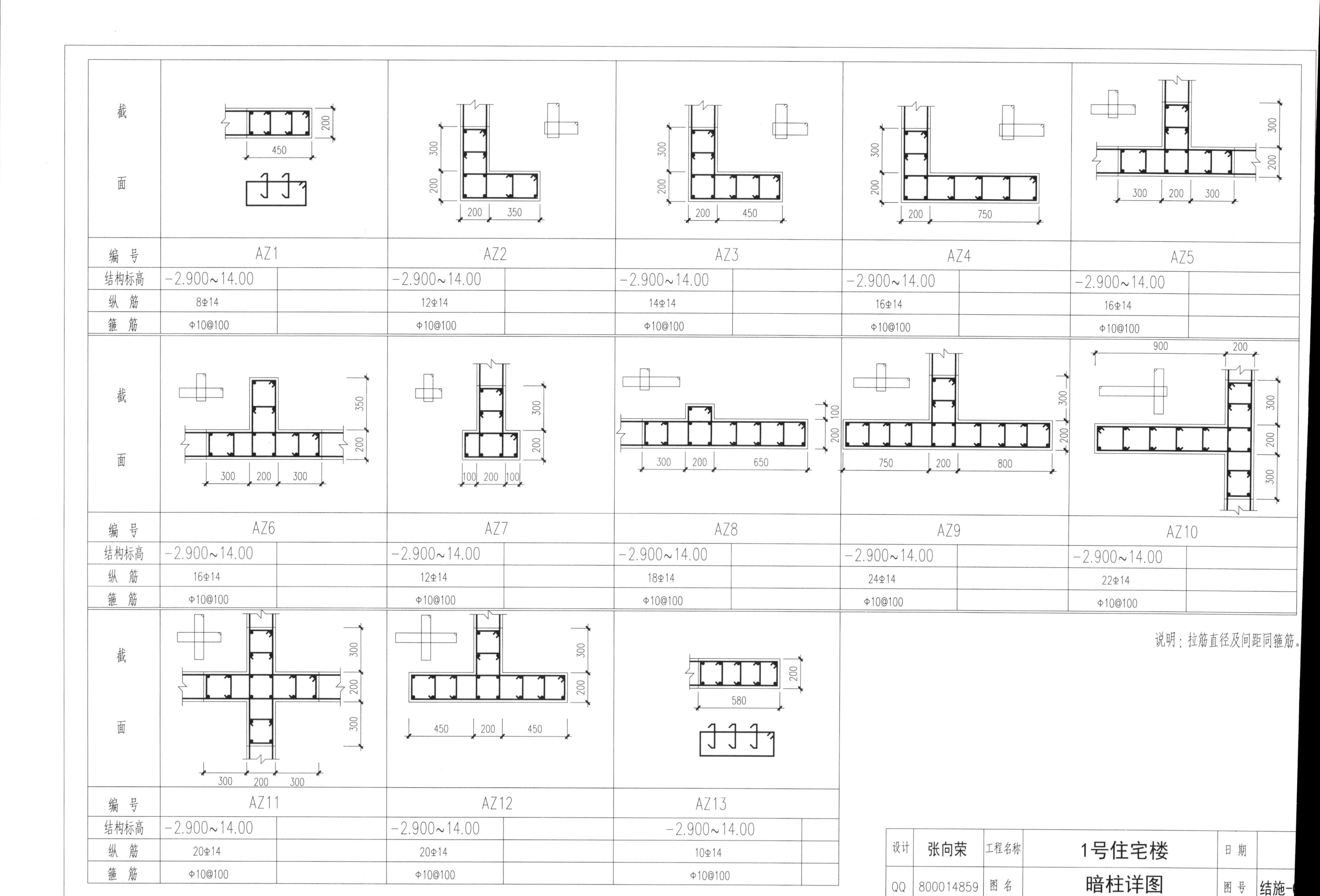

截面
编号
结构标高
纵筋
箍筋
AZ1
-2.900~14.00
8Φ14
Φ10@100
450
200
AZ2
-2.900~14.00
12Φ14
Φ10@100
200
350
300
AZ3
-2.900~14.00
14Φ14
Φ10@100
200
450
300
AZ4
-2.900~14.00
16Φ14
Φ10@100
200
750
300
AZ5
-2.900~14.00
16Φ14
Φ10@100
300
200
300
AZ6
-2.900~14.00
16Φ14
Φ10@100
300
200
300
350
AZ7
-2.900~14.00
12Φ14
Φ10@100
100
200
100
300
AZ8
-2.900~14.00
18Φ14
Φ10@100
300
200
650
100
AZ9
-2.900~14.00
24Φ14
Φ10@100
750
200
800
300
AZ10
-2.900~14.00
22Φ14
Φ10@100
900
200
300
AZ11
-2.900~14.00
20Φ14
Φ10@100
300
200
300
AZ12
-2.900~14.00
20Φ14
Φ10@100
450
200
450
300
AZ13
-2.900~14.00
10Φ14
Φ10@100
580
200
说明：拉筋直径及间距同箍筋。
设计
张向荣
工程名称
1号住宅楼
日期
QQ
800014859
图名
暗柱详图
图号
结施-

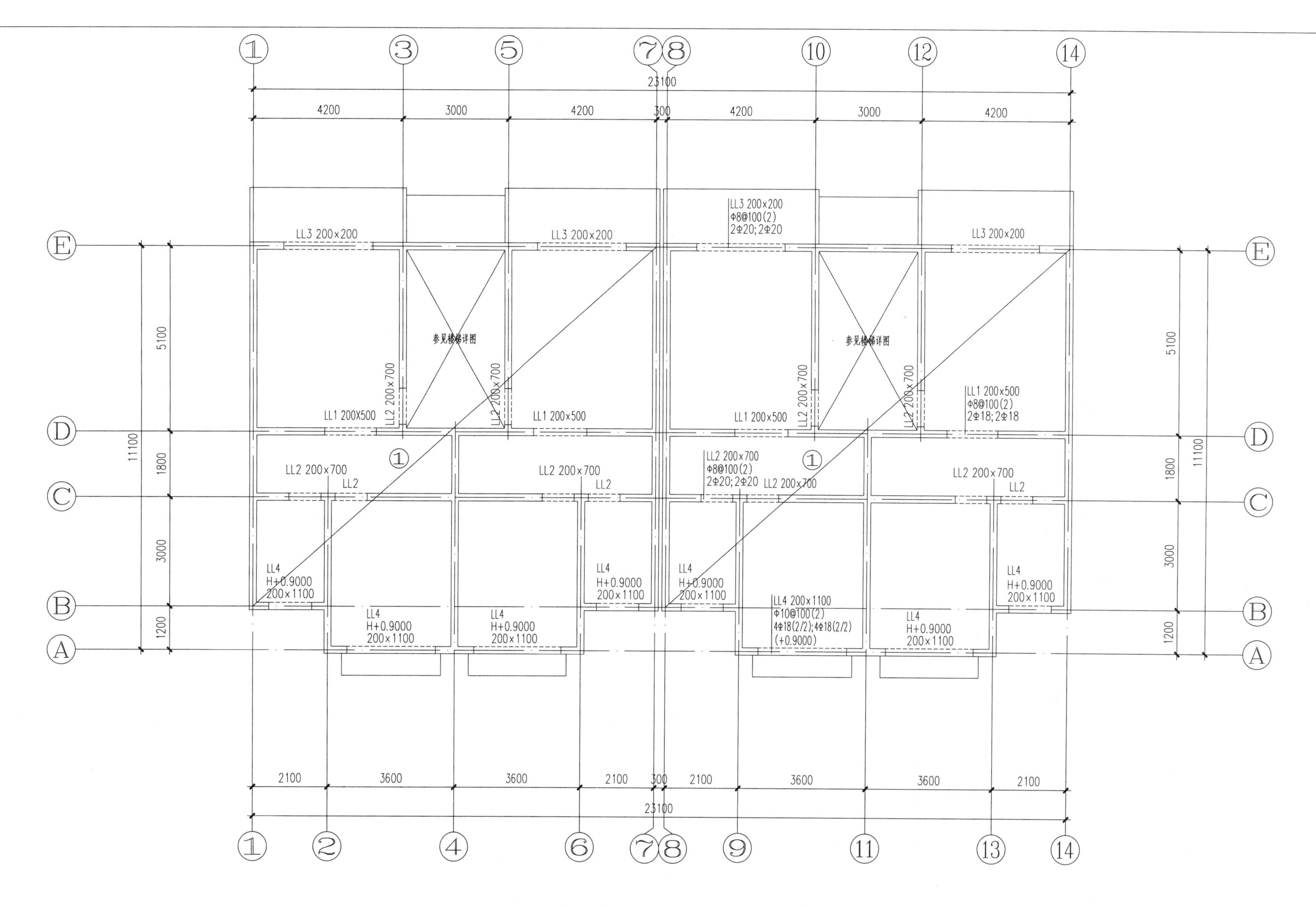

说明:

1. 未标注定位梁对所在轴线、定位线居中;
2. 连梁所在墙体水平筋均作为连梁腰筋;
3. 其余说明详见结构设计总说明。

地下一层连梁配筋平面图

本层梁混凝土强度等级:C30

设计	张向荣	工程名称	1号住宅楼	日期	
QQ	800014859	图名	地下一层连梁配筋平面图	图号	结施-06

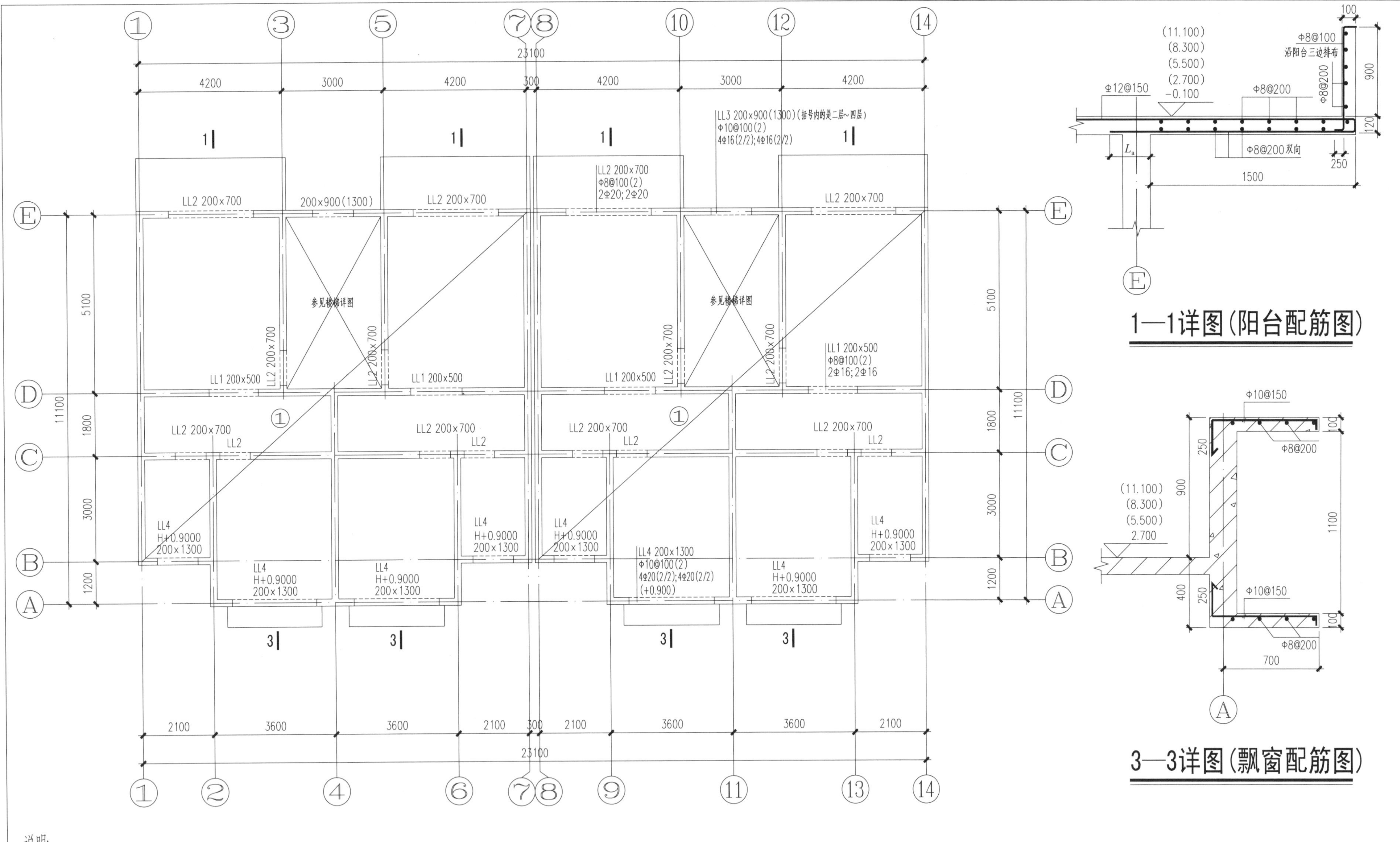

说明:

1. 未标注定位梁对所在轴线、定位线居中;
2. 连梁所在墙体水平筋均作为连梁腰筋;
3. 其余说明详见结构设计总说明。

首层~四层连梁配筋平面图

本层梁混凝土强度等级:C30

设计	张向荣	工程名称	1号住宅楼	日期	
QQ	800014859	图名	首层~四层连梁配筋平面图	图号	结施-07

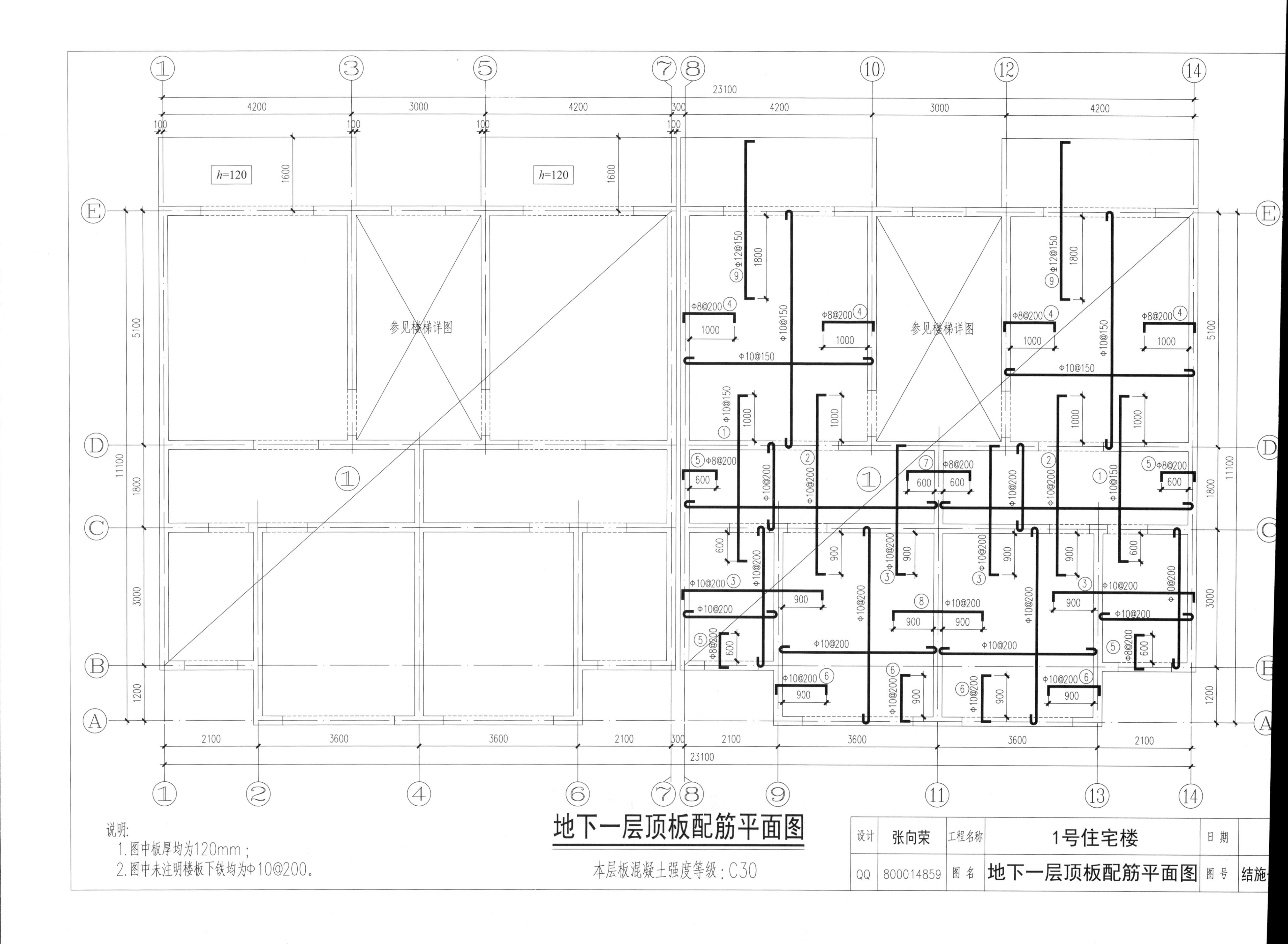
地下一层顶板配筋平面图
本层板混凝土强度等级：C30
说明：
1.图中板厚均为120mm；
2.图中未注明楼板下铁均为Φ10@200。
参见楼梯详图
h=120
设计
张向荣
工程名称
1号住宅楼
日期
QQ
800014859
图名
地下一层顶板配筋平面图
图号
结施

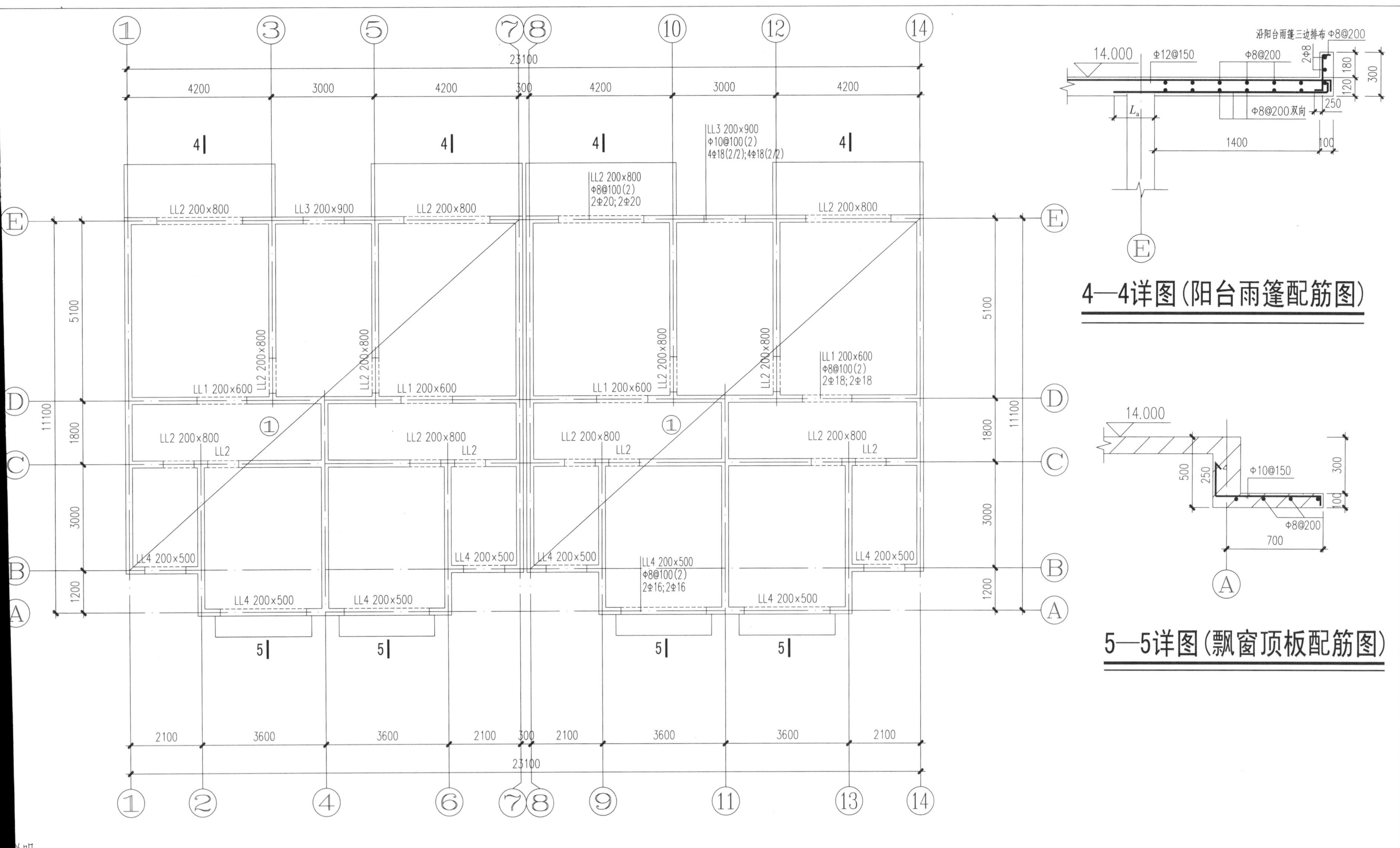

说明:

1. 未标注定位梁对所在轴线、定位线居中;
2. 连梁所在墙体水平筋均作为连梁腰筋;
3. 其余说明详见结构设计总说明。

五层连梁配筋平面图

本层梁混凝土强度等级:C30

设计	张向荣	工程名称	1号住宅楼	日期	
QQ	800014859	图名	五层连梁配筋平面图	图号	结施-08

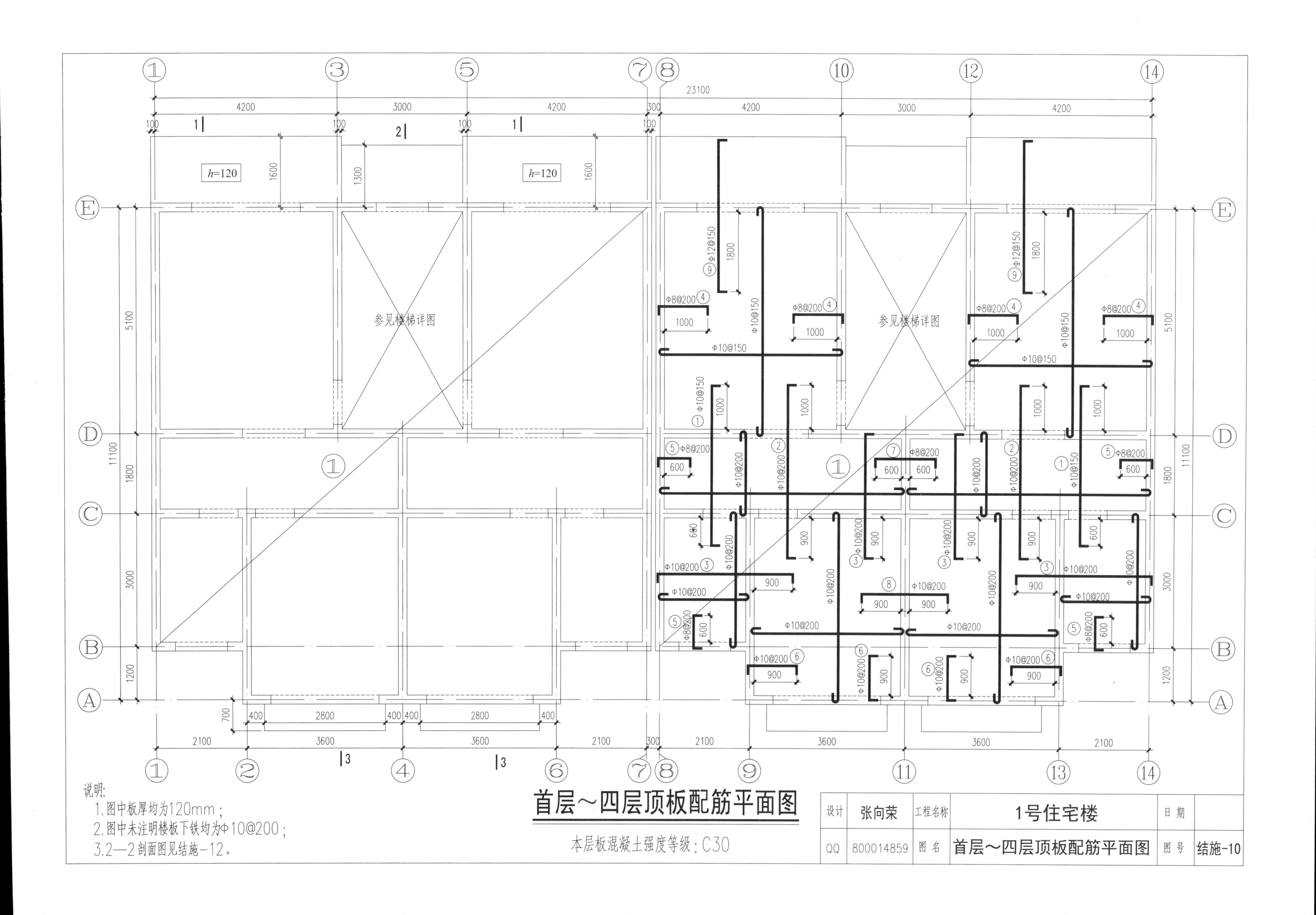

说明：
1.图中板厚均为120mm；
2.图中未注明楼板下铁均为Φ10@200；
3.2—2剖面图见结施-12。
首层～四层顶板配筋平面图
本层板混凝土强度等级：C30
设计 张向荣
工程名称 1号住宅楼
日期
QQ 800014859
图名 首层～四层顶板配筋平面图
图号 结施-10
参见楼梯详图
h=120

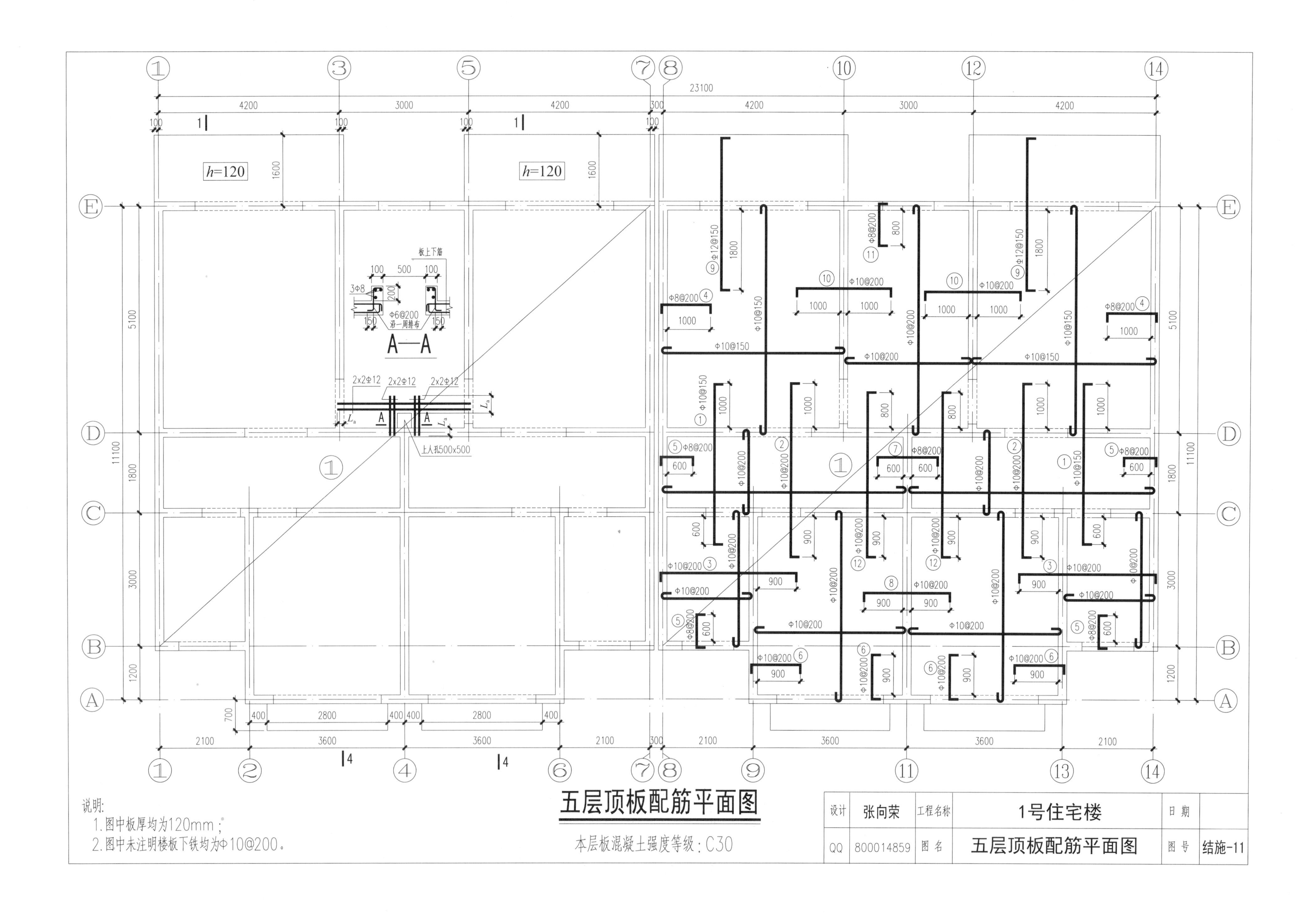

五层顶板配筋平面图
本层板混凝土强度等级：C30
说明:
1.图中板厚均为120mm；
2.图中未注明楼板下铁均为Φ10@200。
A—A
板上下筋
3Φ8
Φ6@200
沿一周排布
2x2Φ12
上人孔500x500
h=120
设计
张向荣
工程名称
1号住宅楼
日期
QQ
800014859
图名
五层顶板配筋平面图
图号
结施-11

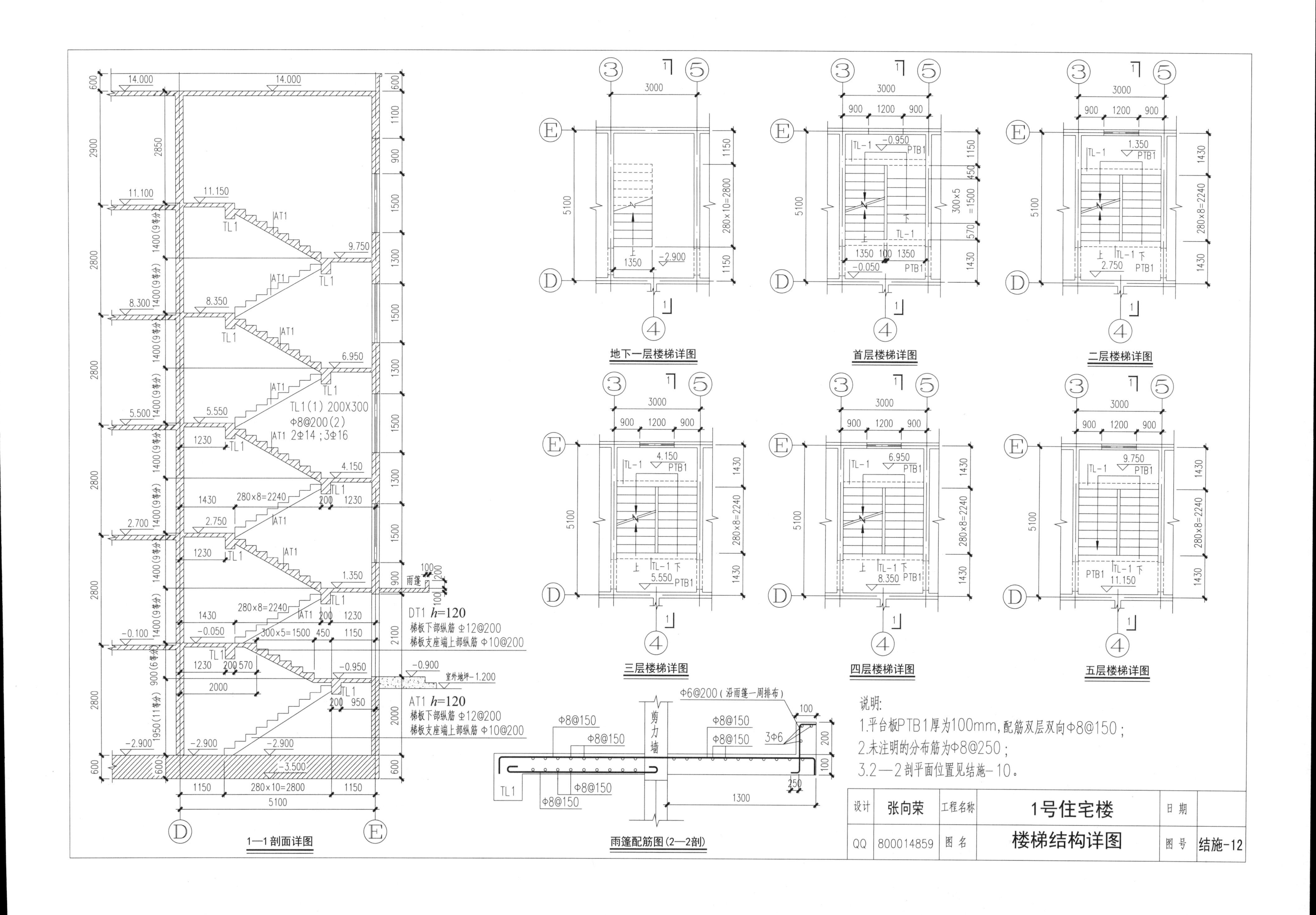

1—1剖面详图
地下一层楼梯详图
首层楼梯详图
二层楼梯详图
三层楼梯详图
四层楼梯详图
五层楼梯详图
雨篷配筋图(2—2剖)
TL1(1) 200X300
Φ8@200(2)
2Φ14；3Φ16
DT1 h=120
梯板下部纵筋 Φ12@200
梯板支座端上部纵筋 Φ10@200
AT1 h=120
梯板下部纵筋 Φ12@200
梯板支座端上部纵筋 Φ10@200
室外地坪-1.200
剪力墙
Φ6@200(沿雨篷一周排布)
说明:
1.平台板PTB1厚为100mm,配筋双层双向Φ8@150；
2.未注明的分布筋为Φ8@250；
3.2—2剖平面位置见结施-10。
设计 张向荣
工程名称 1号住宅楼
日期
QQ 800014859
图名 楼梯结构详图
图号 结施-12